地域森林とフォレスター

市町村から日本の森をつくる

鈴木春彦［著］

築地書館

推薦の言葉──フォレスターの仕事とは、限られた資源の中で持続可能な発展を目指す闘い

フォレスターの仕事とは何だろうか。

フォレスターがいなければ木は育たないのだろうか。

彼らがいない場合、森は、社会はどうなるのだろうか。

多くの現代人、特に都市部に住まう人々は、このように問う。

ヨーロッパやドイツの伝統的な理解においては、「この専門家集団は狩猟犬と一緒に、健康な森の空気の中で地域の森を常に守っている」という決まり文句が回答となるだろう。

しかしながら、今日におけるフォレスターの役割は、これだけではない。もちろん日本においても同様である。よりカラフルで、はるかに複雑だが、何よりもエキサイティングである。日本やドイツのような先進国では、フォレスターの仕事は、エコロジーな仕事であると同時に、限られた資源の中で持続可能な発展を目指す闘いでもあるのだ。森林管理の現場には、森林開発、森林利用、そして「自然を自然のままにしておく」というようないくつもの選択肢があり、そのどれを選択するかを決めていかなければならない。

このような課題に対し、緊張感をもってフォレスターとしての仕事に取り組んでおられるのが、著者である鈴木氏の功績の一つだ。氏は、本書で複数のケーススタディを使用し、森林、特に地域の森において、伝統的な森林利用の要求や多様な利害関係者からの様々な要求を、フォレスターがどのように満たそうとしているかについて実証的に検討している。

地域の森は、地域の歴史と独自性を如実に表す場でもある。フォレスターは、これらの多岐にわたる関心事の解決と同時に、近自然的な森林管理を行うという最も重要な役割を果たさなければいけないのだ。

本書は、森林をとりまく最新の状況を示している。劇的に変化する経済・環境・社会のあらゆる面において「中心的役割を担う森」は、地元に雇用を

もたらし、恒常的な収入を確保する場所である。同時に、住民はスポーツをしたり、自然の中でリラックスしたり、変わらないものの象徴として「自らの森」を利用している。このように地域の森の森林計画は、地域関係者の様々な要求を出発点とする非常に複雑な課題を含んでいるのである。

　だからこそ、熱心な市民、社会一般、責任ある機関がどのようにうまく共存できるかについての調査は、非常に価値がある。本書は、革新的で理想的な回答を示すだけではなく、一般の読者にも読んでもらえるように企画されている。それにより本書は、我々が先祖から受け継いできた、持続可能で近自然的な森林管理を継承していくための礎となるだろう。

　地域の森の課題解決に熱意を持つ人々、また森林の特別な価値を共有する多くの、そして多様な人々が、本書を手に取られることを切に願う。また本書が、日本のフォレスターの魅力を高め、また持続可能な森林の未来のために、挑戦する若者たちを鼓舞するものになると確信している。

2022 年 10 月 3 日

ドイツ　ロッテンブルグ林業大学　造林学部 教授

Dr. Sebastian Hein　（セバスティアン・ハイン）

（日本語訳　江鳰景子）

プロローグ

矢作川の森

　愛知県豊田市の中心部を流れる矢作川。その上中流域には森が延々と広がっており、休みの日、私はそれらの森をしばしば散策する。

　3月から5月にかけては花のシーズン。咲いては枯れる花々を見つけ、感激の声を上げる。マンサクの黄色の花は、豊田市の山間地に春の到来を告げる花だ。そして、エドヒガンやヤマザクラなどのサクラ類が咲き始めるといよいよ春本番で、次々と新しい花が咲いていく。5月に入ると、ツブラジイの黄金色の花が強烈な香りを発散し、コアジサイの透明感のある淡青色の花も林床に咲き広がるようになる。

　花には、花びらの形、色、雄しべの数など、種ごとに特徴がある。手に届く範囲の花は、ルーペを使って一つ一つを細部まで観察する。涼しい風が林内を通り抜けていく。こんな森歩きの時間はとても楽しい。

　秋から冬にかけては紅葉や木の実のシーズン。樹木の葉の色の移り変わりを観察しながら、落ち葉で敷き詰められた森の小径を歩く。落ち葉を踏むと「サクッ、サクッ、サクッ」と葉の砕ける乾いた音がして、耳に心地よい。

　葉っぱの下に隠れていたヤブムラサキの紫色の実を見つけた。隣の木の枝にはクリの実がたわわにぶら下がっており、トゲの密生する皮の割け目から艶やかな茶色の実が顔を出している。

　最近はコケにも関心が出てきて、興味の対象がさらに増えた。コケは種ごとに独自の小宇宙を形成しているが、目視ではその形態をほとんど確認できない。コケの極小の世界を見るため、林内でうつ伏せになってルーペで観察する。ルーペ越しに見えるコケの圧倒的な多様性には、いつも驚かされる。日差しに照らされてキラキラと輝くコケ特有の美は、人の心を捉えて離さない。

　ある日、森の小径でうつ伏せになってコケを観察していたら、散歩中の年配女性とバッタリと出くわした。道に横たわる人（物体？）によほど驚いたのだろう、女性は「ギャーッ」と叫んで逃げ出し、またたく間に姿が見えな

くなった。森の中で行き倒れた人の死体とでも思ったのだろうか。その声の
あまりの大きさに、私も心の中で「ギャーッ」と叫んだ。

　散策に疲れると、携帯した小型椅子に座り、藍色のステンレス水筒を取り
出して、家で淹れてきたコーヒーを飲む。森の中で飲むコーヒーの味は格別
だ。

　ツブラジイ、コナラ、アベマキなどの樹木に囲まれた森には、ゆったりと
した時間が流れている。生い茂る枝葉の隙間から、木漏れ日が林内に差し込
んでいる。美しい眺めだと思う。地域の森林管理に長年関わってきた者とし
て、この美しい地域の森を守りたいと思うし、より多くの人が、森との多様
な関わりの中で幸せに暮らしてほしいと願っている。

フォレスターの魅力

　私は20年という間、2つの自治体でフォレスターとして活動してきた。
2つとは、北海道東部の知床半島近くの標津町と、中部地方の愛知県豊田市
である。北海道と中部地方という遠く離れた、自然環境や社会環境の大きく
異なる2つの地域で働けたことは、私の視野を広げるのに十分な経験となっ
た。また、これまで100を超える市町村でヒアリング調査や視察を行ったり、
多くの市町村からの視察を受け入れたりしたことも、地域の多様性を知る良
い機会になった。

　私の立場は、市町村に採用された森林・林業の専門職員だった。市町村の
担当者として林務業務に従事してきたほか、標津町では森林組合業務も兼務
し、山主（森林所有者）への施業提案から苗木の手配、植栽、下刈、伐採な
どの各施業の実施、さらには木材販売まで、地域森林管理の一連の仕事に関
わってきた。

　このような業務経験を通して確信したことは、地域森林管理の仕事には魅
力と可能性が溢れているということだ。たとえば市町村の林務業務には、地
域森林を俯瞰しバランスを取ってデザインしていく森林計画の創造性や、現
場を直接的に動かしていく市町村有林管理の躍動感があり、小学生や住民を
対象とした森林教室開催などの教育・啓発の将来性もあった。

　森林組合職員の業務には、森林整備に関わって山主と共に森を歩いて語ら

うなど関係者との距離の近さや、山主の所有林を預かって施業を計画して森づくりを行う創造性があった。また、伐採や運材の各工程の工夫や、木材販売などで利益を確保していく経済活動の躍動感もあった。このような多様な魅力と可能性を内包している仕事が、地域森林管理の他に、今の日本に一体どれくらいあるのだろうか。

　しかも、市町村森林行政や森林組合等の多くは小規模で職員数が少ないため、担当者のアイデアや考えを業務に反映させやすい。つまり、担当者の意欲と能力次第で、いかようにもすることができる恵まれた環境なのである。もちろん、小規模ゆえに多種多量の業務をこなさなければならないデメリットはあるが、担当者の創意と工夫でこの点をクリアーできれば、そこには無限の可能性が広がっているといえよう。

　しかし、このような地域森林管理の仕事が持つポテンシャルを十分に活かしきれていない、または山主や市民からの期待に応えられていない地域を多く見るにつれ、全国の他の地域に何か貢献できないだろうかと考えるようになった。2019〜2021年度まで社会人学生として北海道大学大学院農学院に所属し、研究者の立場から全国の市町村の動向や先進事例地を調査したことも、多くの刺激と示唆を与えてくれた。そして、これまでの私の経験と知見が、今後の各地の地域森林管理に何か役立つこともあるのではと思い、本書の筆を執ることにした。

フォレスターとは

　本書は、地域森林管理の要となる「フォレスター」を主題とした本である。そこで、まず「フォレスター」という言葉を定義しておきたい。本書では、フォレスターを「森林管理や林業経営のために、科学的な知見に基づき、法律に基づく規制・指導や、管理方針や施業の立案・実行監理を行なう技術者」（相川ら、2015年：98p）と定義する。すなわち、チェーンソー伐採などの肉体労働を行う林業ワーカーではなく、フォレスターは森林に関わる事務系職員のことである。人材像としては、科学的な素養を持ちつつ、地域森林の管理方針を設定し、それに沿って山主を指導し、個々の林分の施業プランを立てることができる人材である。地域森林に関わるトータル・マネージャーと言っ

てもいいだろう。

　ドイツやスイスではこの定義のような役割を担ったフォレスターが現場で活躍しているが、日本では役割が組織ごとに分けられているため、これがそのまま当てはまる単一の職業はない。日本で言えば、市町村林務職員、森林組合・民間林業事業体の森林施業プランナー、都道府県林務職員の業務を合わせたものがこの定義に合致していることから、本書ではこの3者を日本の「フォレスター」と想定して書き進めることにする。

　なお、私は市町村林務職員、森林組合職員の立場でフォレスターのキャリアを積んできたので、本書で用いる事例は市町村や森林組合の現場の話題が多くなることを、あらかじめ断っておきたい。

本書の目的

　日本の森林とは、地域森林の総和のことである。当たり前のことだが、地域森林が良くならないと、日本全体の森林も良くならない。しかし、日本の地域森林管理に関わる人材は質・量ともに不足しているのが現状だ。地域森林管理の質を高めて活性化していくには、いま地域にいる人材の能力をさらに高めるとともに、新たな人材を確保し、育成していくことが急務になっている。

　また、地域森林管理を進展させるためには、林業関係者以外の人材を森林政策に巻き込んでいくことが重要になってくる。縮小してきた林業分野の枠を超えて、それ以外の多様な主体の協力を得て地域での協力体制を構築していくことが、これからの地域森林管理の鍵を握っている。このような背景から、本書の目的を次の2つに設定したい。

　1つ目は、現役のフォレスターやこれからフォレスターを目指そうとする学生等が読んで、地域森林管理の実務に役立つような実践の書にすることである。「実践の書」と言っても、本書は事務的なマニュアル本やムズカシイ技術本ではない。「○○計画の実務（手引き）」などと銘打たれたマニュアル本や、「○○学」などの専門書・技術書はすでに多数発行されていて、本書がそれを後追いする必要はない。本書が目指しているのは、これまで書かれてこなかった、フォレスターとして働くための心構えや視点、基礎的な技術

について提示することである。本書がこの点を重視している理由は、これらフォレスターの基礎的な心構えや技術が、現在の日本では軽んじられ、疎かにされていると感じているからで、そこに私が危機感を持っているからである。日本の一部の林業者やドイツ・スイスのフォレスターが、当たり前のように実行している丁寧な現場踏査や樹木の観察、地域の森林史の把握などがなされなくなれば、日本の地域森林の状態はますます悪くなってしまうだろう。そこで、本書の第1章、第2章では、フォレスターに必要な心構えや視点、基礎的な技術の重要性について、私の現場事例等を用いながら述べてみたい。

　また、第3章〜第5章は、フォレスターの中でも、近年その役割が特に期待されている市町村フォレスター、市町村林政を取り上げる。災害防止や生物多様性の保全、地方創生などは現場ごとの対応が必要となり、基礎自治体である市町村の果たす役割が大きい。さらに、2000年代以降の相次ぐ地方分権化により、多くの業務が市町村に移譲・新設されて、国家政策として市町村の役割発揮も求められている。そのような中で、どのような対応をとることができるのかを、市町村林政の現状を見つつ（第3章）、市町村での政策方針の設定（第4章）や施策形成（第5章）におけるポイントを提示しながら検討していきたい。特に、地域における体制づくりの重要性を踏まえて、第5章では施策体制タイプの検討や体制内の人材配置などを中心に述べていくこととする。

　2つ目の目的は、林業関係者以外の一般の人にも読んでもらえるような内容にし、地域森林について広く知ってもらうきっかけとなるような本にすることである。都市型生活の広がりや山間地域の過疎化などによって、森林管理や林業が一般の人から遠い存在になってしまっている。実際の森での作業も、現場が山奥にあることが多く、一般の人の目には届きにくい。

　そこで本書は、全章を通してなるべく平易な言葉を使って、読みやすい文章になるように心掛けた。1つ目の目的である実践書との兼ね合いで、専門用語を使わざるを得ない箇所もあったが、巻末に用語解説を付けたので、必要に応じてそこで専門用語の意味を確認しながら本文を読んでいただきたい。

　また、地域森林現場の風景や関係者とのやり取りをできるだけ具体的に記

載し、現場の雰囲気や息づかいを感じてもらえるように心掛けた。これらによって、フォレスターが、日々どのように仕事をしているか、どのようなことに悩んでいるのかについて広く知ってもらえればと思っている。

　本書は全6章32節から成っている。各節の内容に沿って6つの章に分けているが、各節は基本的に独立するように執筆したので、目次を見て興味のある項目から読むこともできるし、最初から順番に読んでいくこともできる。読者なりの読み方で、本書を読み進めていただければ幸いである。

目次

第1章　フォレスターの心構え

1．地図を持って森へ出よう

土地勘がない

　フォレスターとして北海道標津町で働きはじめて最初に困ったのは、地域森林の土地勘がなく、森林所有者である山主のことを知らないことだった。これは私の最初の職場がIターンで入った地域だったということもあるが、赴任地が仮に地元の豊田市だったとしても、最初から豊田市の山間地域に詳しいわけではないので、そう大差はなかったのだろうと思う。

　たとえば職場に山主から電話がかかってきて、

「もしもし、Aだけど。B地区の自分の森を伐採したいので伐採届を出したいんだけど」

　と言われても、町内のB地区がどこなのかパッと思い浮かばない。地図を取り出し確認するのに手間取っていたら、ガチャンと電話を切られたこともあった。

　もちろん、どこのAさんなのかも分からない。「あそこの集落のAさんかなぁ」と思っても、親類関係でまとまって住んでいる集落も多くてAさん苗字が複数人おり、どの家のAさんなのか分からない。家が特定できても、連絡してきたのがお父さんなのか息子さんなのか分からない時もあった。

　連絡をしてくる山主のほとんどは、担当者は土地勘があり、地域の森のことを知っている、という前提で、詳しい説明や経過などを省いて単刀直入に話をされるので、当初は余計に混乱した。異国の地に突然放り出されたかのような気分になり、そんな問い合わせにスムーズに対応している上司や同僚がとても優秀な人材に見えた。

　蛇足だが、北海道の地名はアイヌ語由来のものが多く、響きが独特である

ばかりか、漢字が当て字なので覚えにくい。たとえば、標津町内の「伊茶仁」「崎無異」「茶志骨」という地名を正確に読める読者はどれくらいいるだろうか?

答えは「いちゃに」「さきむい」「ちゃしこつ」である。

先頭の「伊茶仁」はアイヌ語の「ichan-i」(サケ産卵場・所)からきている。実際にこの場所に行ってみるとサケが産卵する河川周辺の地名になっているので、名は体を表すアイヌ語の素晴らしさを感じずにはいられない。しかし、漢字はアイヌ語の意味とつながっておらず、さらに、「仁」を「に」と読ませるなど、漢字の読み方が独特で分かりにくい。

そもそも私が勤めた「標津(しべつ)」町も、大半の人は「ひょうつ」と最初は言ってしまうのだが、「標(ひょう)」という漢字を「しべ」(アイヌ語の si-pet から)と読ませており、市町村名からして、北海道地名の当て字問題が発生しているのである。

大判地図の一覧性

話が脱線してしまったが、地域森林の土地勘を身に付けるため、私は、積極的に森に出かけるようにした。職場に大判の町内地図があったのでそれを1部もらって、地図で位置を確認しながら車で回り、地区の拠点となる小学校や公民館・商店、気になった森や川は車から降りてゆっくりと歩いた。町内の位置関係がおおよそ分かってきたら、地域の森について解像度を上げて把握するために、事前に、森林計画図等で所有区分・所有界・樹種・林齢などを調べておいて、林内を確認しながら歩くようにした(私有林には無断で入れないので、町有林を中心に回った)。

現地で気づいたことがあれば、その地点を地図にマークし、メモを書き込んだ。厚手の紙で作られた大判地図も、そうやって現場に携行しているうちに汚れ、折り目は破れてきたが、セロハンテープで両面を補強しながら使い続けた。

当時使っていた地図を見返してみると、そこが誰の森かという所有者情報や森の状態(たとえば「上木は天然林−下木はアカエゾマツの複層林。アカエゾは生育不良」)に関する記述が多く、また、「マカバの巨木、太さ=1m」

「ハルニレの巨木」などの巨木情報も書かれている。中には「タラノキがたくさんある道」「沢沿いにギョウジャニンニク」「ウドの群落」などの山菜情報があり、目的がちょっと違うのではないかと疑わせるような記述もあるが、これも地域の森林を覚えるために必要な作業だったのだろう。豊田市に移ってからはスマホの地図アプリも使うようになったが、地域全体の配置を頭に入れるには、一覧性のある大判地図が優れていると思う。現場↔地図↔メモの往復作業を続けているうちに、苦手にしていたアイヌ語由来の地名も、当て字とともに覚えることができた。

　第1、2章で触れるように、勤務中に出来るだけ多くの現場を回るように心掛けたが、前後の予定もあり、じっくりと森を観察する時間がなかなか取れない。そのため、休日の現場観察の時間を大切にするようにした。

　ある休日の午後。町有林の現場を歩いている時に、一面に咲き誇るエゾエンゴサクの群落を見つけた。この花は北海道以北に生育するケシ科の多年草で、北海道東部では4月中旬から5月の春のひと時、青紫色の花を鈴なりにつける。長さ2cm程度の細長い筒状の花びらは先端で口を開き、中から雄しべ・雌しべが顔を出し、その姿はまるで森の妖精のようだ。

　樹冠から降り注ぐ木漏れ日に照らされ、エゾエンゴサクの花が輝いて見えた。その美しさに、思わず息をのんだ。所々に雪の残る林内を、春の心地よい風が吹き抜けていく。ひっそりと静まりかえった森の中で、人知れず花を咲かせるこの小さな生命をいとおしく思った。

　もちろん地図に「エゾエンゴサクの群落」と書き入れたが、その必要はなかった。その光景は一瞬にして私の脳裏に焼き付き、その位置、周辺の景色や森の状態まで今でも鮮明に覚えている。

　元お笑い芸人の島田紳助氏は「頭で覚えたことはすぐに忘れるが、心で覚えたことは忘れない」とテレビ番組で言っていたが、心を大きく揺さぶられた時の光景がいつまでも記憶に残っていくことは、誰しも一度は経験しているのではないだろうか。そうであるならば、森を歩く時は、林内の樹木や花

1——垂直方向に複数の層を持つ森のこと（本章3節を参照）。ここは2段の複層林のことで、樹高の高い層を上木、低い層を下木と呼んでいる。

写真1-1　エゾエンゴサクの青紫色の花

や動物、そこから見える景色に大いに感激しながら歩けば、その森のことをいつまでも覚えていられることになる。見る・聴く・嗅ぐ・触る・味わうの、いわゆる五感を総動員して森を歩くことが重要になるだろう。

　市町村フォレスターとして働き始めて3年目に入る頃から、私の頭の中に地域の森林地図が完成してきた。フォレスターとしてのウォーミングアップが終わり、いよいよ本当の仕事を始める時が来たのである。

2．方向感覚を磨く

ヒグマの森

　ある日の現場調査で、10年前にアカエゾマツを植えた植林地を見に行くことにした。山の奥深いところにあり、先日、地元林業会社の社長から行き方を教えてもらったばかりの現場だった。

　古いトヨタ・ランドクルーザーを運転し、ダートの作業道に入って3kmほど進むと脇道への入口を見つけた。クマザサや低木を刈り払っただけの道で、本当に中に道は続くのか？と不安に思ったが、中に入ると幅2.5m程度の狭い道だが路面はしっかりしていて、「意外と行ける道じゃん」と気分が上向いた。

　作業道をしばらく進むと、前方に大きく掘れた轍(わだち)があった。車の底をぶつけないように減速してゆっくり轍を通過しようとすると、突然、前輪がスリップし始めた。おやっ、と思いつつも、タイヤが滑ることは林内の運転では「よくある」ことなので、バックと前進を繰り返し反動をつけて、なんとか抜け出ようと試みた。しかし、何度試してみても抜け出せない。「これは意外と手ごわいぞ」と思っていたら、後輪部の地面が掘れて後輪もスリップし始め、完全に動けない状態になってしまった。森の中で車がはまってしまったのだ。

　車外に出て轍をよく見ると、水分を多く含んだ土がタイヤの摩擦で泥と化し、ぬかるみになっていた。ツルツル滑って、タイヤのグリップが効かない状態。「これはいよいよ困ったなぁ」と打開策を思案する。

　その時、近くのササがザザッと動いた。反射的に車内に駆け込んだ。そして、音のする方向をじっと見つめた。10分ほど様子をみていたが、動きはなかった。ウィンドウをあけて気配を探ってみると、特有の青臭い獣臭が漂ってきた。ヒグマだ。

　すぐそばで、こちらをしばらく伺っていたのだろう。轍から脱出するため、車のエンジンを何度も吹かしたので驚かせてしまった。知床連山から広がる山裾の森は、豊かな自然の生態系ピラミッドの頂点に君臨するヒグマの生息域でもある。ヒグマがいて当たり前の場所なのだ。

以前、森で、ヒグマと至近距離で出会ったことがあった。

　現場踏査で森の中を長いあいだ歩き回っていて、体の疲れを感じていた頃だった。林内のクマザサが鬱蒼としてきて歩きにくくなったので、沢に降りて、沢沿いを下って道路に出ようとしていた。沢の流量は思いのほか多く、ザーッという沢水の音で周囲の他の音が聞こえにくい状況だった。沢は大きく左にカーブし、その途中の左岸に岩壁があった。その岩壁をなんとか巻いて下流側に出たその時、目の前に大きな黒い物体を見つけた。

　ヒグマだった。あたりを警戒し見回していたのか、ヒグマはちょうど２本足で立ち上がっていた。背丈は２ｍを超え、体重は３００ｋｇに迫るような大きさの個体だった。ヒグマとの距離、わずか６ｍ！

　森をフィールドに働く者として、ヒグマと出会ってしまった時の対処法は、当然ながら知っている。慌てず、騒がず、冷静になること。背中を向けて逃げ出してはいけないし、ましてや威嚇するなど攻撃的になっては絶対にダメ。とにかく、ヒグマを刺激してはいけないのだ。ヒグマの目をじっと見ながら、ゆっくりと後ずさりしてその場を離れること、これが教科書に書いてある基本動作だ。

　そのことは、頭では分かっていた。しかし、実際に、目の前にヒグマが現れるとどうだろう。私は驚きと恐怖で頭が真っ白になり、体が動かなくなった。携帯したクマスプレーに、手をかけることすらできなかった。ただ、その場に立ち尽くすしかなかった。

　ヒグマと目が合った。ヒグマは、じっと私を見据えていた。その黒く光った目は攻撃的な意思を持っていると思いきや、その瞳の奥には、どこか戸惑っているような気配が感じられた。

「どうしてお前（人間）がこんなところにいるんだよ」と訴えかけているようにも思えた。ヒグマも、私と同様、ずいぶん驚いていたのかもしれない。

　次の瞬間。

　ヒグマは体を反転させ、左岸の急斜面を「ドドドド……」と凄まじい勢いで駆け上がっていった。斜面の低木や草はなぎ倒され、ヒグマが駆け上がった跡は１本の道になった。私は、その１本道を、しばらく茫然と見上げていた。

写真 1-2　北海道のヒグマの親子（写真提供：山中正実氏）

　あの日の恐怖と比べれば、今日のヒグマとの遭遇は、車にすぐ避難できたし、姿も見えなかったので精神的ダメージは少ない。もちろん警戒はしなければいけないが。

　気を取り直し、車が動けなくなった現状の打開策を考える。時計の針は午後4時を回っていた。北海道の秋の日没は早い。車はまったく動かない。最悪の場合は歩いて帰るしかないが、もうすぐに暗くなるし、距離は長いし、ヒグマが近くに潜む森を歩きたくないなぁと思うと急に不安になり、胸の鼓動が速くなった。

　奇跡的に、携帯電話は通話圏内だった。この辺りは圏外でもおかしくないエリアなので、不幸中の幸いだ。この道を教えてくれた地元林業会社の社長に電話してみたが、つながらない。「いつもはつながるのに、どうしてこんな時だけ」とぼやきつつ、一縷の望みを託して専務に電話をした。

　トゥルル、トゥルル、トゥルル、トゥルル……。10回ほどコールすると、

「はい、もしもし……」と声が聞こえた。

　1時間後。真っ暗になった森に、眩い2つのヘッドライトの光がエンジン

音とともに近づいてきた。

「お～い、大丈夫？」

と言って車から降りてきた専務らを、思わず抱きしめたくなった。

慎重な判断と方向感覚

　フォレスターが、森で遭難してしまったら森のプロとして恥ずかしい。今回のケースは、初めて行く道だったので、より慎重な現場判断が必要だった。大きな轍を発見した際に、面倒でも手前に車を止めて轍の状況を観察し、行くか、退くかを判断すべきだった。結果論だが、轍への侵入時にゆっくりとではなく、勢いをつけて入っていれば十分に乗り越えられたし、諦めて引き返すという選択でも良かった。そこまで順調に進めていたので、つい「行ける」と錯覚してしまった。

　森での遭難リスクを回避する方法の一つとして、車２台で現場確認するという方法がある。１台が動けなくなっても、もう１台があれば事務所に戻ってくることができる。しかし、実際は、すべての現場でそれを行うことは難しい。少人数林務体制の市町村や森林組合では、そもそも担当が１人しかいないことは珍しくないし、複数人いたとしても毎回２人で現場に行っていては業務が回らなくなるからだ。

　遭難リスクを回避する最も簡単な方法は、現場に行かないこと。または、携帯電話の通話圏外の森には行かないこと。しかし、本書で繰り返し述べるように、現場主義を貫くフォレスターにその選択肢はない。そうであるならば、現場に行く際は、「慎重な現場判断」をモットーにして、自力で戻ってくることを基本にしなければならない。

　ところで、遭難リスクを回避するために、フォレスターが方向感覚を持っていることは重要になる。方向感覚とは、頭に描いた地図のどこに自分がいて、どこを向いているかをつかむ空間認識能力のことである。森を歩いていると、時々、自分の位置を見失うことがある。北海道では背丈ほどもあるクマザサに視界を遮られて自分の位置が分からなくなることがあるし、本州では山のヒダが細かく自分がどの尾根にいるか、どの沢にいるかが分からなくなることもある。

　そんな時には、自分が辿ってきた方角、目印になる尾根や岩や樹木、太陽や遠くの山の位置などから、自分の位置を割り出すことができる。地図を持っているのであれば道路・川・農地等の配置や等高線の判読から、森林情報が記載された森林計画図があれば植林によって育成された人工林と天然林の境界、樹種や林齢の違いなどから位置が分かる。周辺の状況を子細に観察しつつ、自らの方向感覚を頼りに頭の中に地図を描くことが重要になるだろう。

　方向感覚がにぶいと「方向音痴」ということになる。街歩きをしていても、東か西か、自分の向かっている方角が分からなくなり、ウロウロしている人は意外と多いのではないだろうか。カーナビやスマホの発達で、人間の持っている方向感覚は日に日に劣化しているようにも感じる。しかし、奥深い山ではスマホが圏外であることがむしろ普通なので、フォレスターはそれらの機器に頼り過ぎてはいけない。

　最初の話に戻ると、実は、もし専務が電話に出なかったとしても、私は、一人で歩いて戻ることはできた。頭の中に地図は描けていて自分の居場所は分かっていたし、辿ってきたルートを記憶していたので、分岐点でも迷わず道を選ぶ自信もあった。問題は夜道とクマだったが、「一晩、車内でビバークして朝に行動すれば良いか」くらいに考えていた。最終的に一人で解決できると思っていたので、心に余裕が生まれてパニックにならずに済んだ。

　森林管理の現場では、不測の事態は常に起こり得る。自然相手の仕事はリスクをゼロにできない。日頃から自らの方向感覚を磨いておくことのほか、慎重な現場判断でできる限りリスクの発生を抑えることが、フォレスターが森の中で生き抜くための武器になる。

3. 現場のリアリティ

　森の中に分け入って、森を垂直方向の断面で観察すると、何層もの高さに分かれて樹木が生育していることに気づく。高い方の層から順に、高木層、亜高木層、低木層、草本層などに分けられ、すべての森が4つの層に成っているわけではないが、荒廃した単純な森でも、よ〜く見ると複数の層になっている。これを森の階層構造と呼ぶ。

天然林のリアリティ

　ある日の現場は天然林。森林動態調査で、林内に設置した調査区の様子を見に行った。

　この天然林の高さ15 m以上の高木層はコナラ・アベマキ・ヤマザクラ、7〜15 mの亜高木層はタカノツメ・ツブラジイ・アラカシ・ヤマザクラ、1〜7 mの低木層はサカキ・タカノツメ・イヌツゲ・ヒイラギ・ヒサカキ・ソヨゴ、1 m未満の草本層（本書では樹木も含めた層とする）はガマズミ・アオハダ・ヒサカキ・ヤマウルシ・タカノツメなど、豊田市の典型的な里山林の樹種構成である（図1-1）。高木層は落葉樹で占められているが、亜高木層にはツブラジイなどの常緑樹が控え、次の時代の主役の座を狙っている。今の主役のコナラ・アベマキ（高木層）の寿命が尽きた時が、世代交代のチャンスだ。

　森のゆったりとした変化を把握するため、時間がある時は簡単な植生調査を行い、植生断面図を描いて記録に残しておく。

　林内の広葉樹の葉っぱを手に取ってみると、同じ木でも光がよく当たる上部と、光の当たりにくい下部とでは、葉の形が異なることがある。上部の葉は図鑑にあるような、その樹種の典型的な形になるが、下部の葉は大きかったり小さかったり、歪んだり葉の縁のギザギザがなかったりと、原型から変化した形になることがある。

　市民講座でこの話をすると、

「植物はただでさえ種数が多いのに、同じ種でもそうやって形がばらつくの

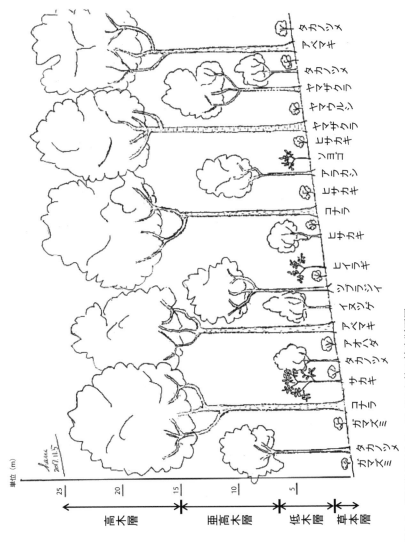

単位 (m)

図1-1　豊田市のコナラ－アベマキ林の植生断面図

写真 1-3　冬の森を彩るセンリョウの赤い実

で、余計に判別ができない」と困惑する人もいる。そんな時は、「最初は細かいことは気にせずに、主要樹種を覚えるところから始めてください。森を楽しむことが第一です」と伝え、さらに、一言付け加えるようにしている。

「樹木や森が簡単に理解できるような単純なものだったら、自然はひどくつまらないものになりますよ」と。

　森は、学んでも、学んでも、最終的にはやっぱり分からないからこそ、魅力的で、興味の尽きない対象になるのではないだろうか。自然は、無限の広がりと、無限の深さを内包していると思いたい。

　隣接する天然林は、森の遷移段階がさらに進んだ森。高木層は太さ70〜80cmのツブラジイの大径木を中心とし、亜高木層はヒサカキ、低木層はアラカシ・タカノツメ等、草本層はアオキ・ウラジロ等。先ほどの森で脇役だった、亜高木層のツブラジイが主役になった森だ。生態学の生態遷移で言うところの、暖温帯地域の極相状態の森（climax forest）と位置づけられる。

　林縁には、低木のセンリョウ、マンリョウ、アオキの赤い実がなり、モノトーンのような冬の森に、アクセントを加えている。同じ赤い実でも、種によって色の深みが違うところは興味深い。足元の、ジャノヒゲの細長い葉っぱの下から、碧色の実が顔を出し、キラキラと輝いて美しい。将来、この森で作業することがあれば、冬の森を彩るこれら低木たちを傷めないようにと、現場ワーカーに伝えることにしよう。

人工林のリアリティ

　ある日の現場は人工林。1 ha（ヘクタール：面積の単位で10,000m²の広さ）

程度の 40 年生のヒノキ林で選木作業を行った。

　40 年前に一斉に植えられたヒノキも、その成長の過程で様々な形質に変化する。まっすぐ素直に育った木、成長が遅れて伸び遅れた木、途中から曲がった木、二股に分かれた木……。人にそれぞれ個性があるように、植林木にも個性が出る。選木作業は、その 1 本 1 本を観察し、①将来の森の主役として育てていく木（「将来木」と言う）、②将来木の成長を特に邪魔している木、③その他の木、と大きく 3 つに分類して、異なる色のテープを巻いてメモ帳に記録していく。②は、直近の間伐施業の伐採木になる。このように、将来木を中心に選木して森を育てていく方法を「将来木施業」と言い、豊田市はこの方法によって環境・経済の両面において価値の高い森を育成することを方針に掲げている。

　目の前に広がるのは、約 1,500 本／ha のヒノキ林。3 人のメンバーで担当する区画を決めて、手分けをして作業を進める。時間はかかるが、選木はその森の 100 年先の姿を決めてしまう森づくりの重要業務なので、丁寧に選木して森と向き合っていく。

　同一林齢のヒノキ林でも、尾根部、傾斜部、沢沿いなどの立地条件、または北向きか南向きかなどの斜面方位などによって、立木の形質は変わってくる。尾根部で成長の悪い箇所は施業対象エリアから外すなど、立地状況に応じた判断も必要だ。藪をかき分けて斜面の登り下りを繰り返していたら、すぐに汗まみれになった。

　森の現場はどれも個性的で、同じものは一つもない。自然を守るフォレスターは、林業の対象になる人工林樹種（スギ・ヒノキ等）だけではなく、天然林を構成する広葉樹も、さらには、低木層・草本層などの多様な植物までも大切にする。

　情報通信技術（ICT）や地理情報システム（GIS）などの先端技術を活用するスマート林業が政策的に推進され、それらは効率的な施業や作業の省力化に役立つ面はある。しかし、残念ながら、樹種や形質、下層植物、微地形の詳細までは分からない。神は細部に宿る。フォレスターは、現場を歩き、現場のリアリティを把握しなければならないのである。

4．急がば回れ

ある日の現場にて

　冬の晴れた日、販売する予定のトドマツ材の検収（丸太の太さや曲がり、本数等を検査すること）が終わり、丸太が山積みされた土場横にて製材工場の幹部との会話。雪をまとった知床連山の山並みが遠くに見えた。ひんやりとした風が林内を通り抜け、吐く息が白い。

　幹部「林業の仕事は、こうやって現場に来ないと始まらないね」

　私「そうですね。私の町は、事務所から現場まで30分以上かかることも多くて、4〜5箇所回れば1日終わってしまうことだってある。森林管理の仕事は移動時間が大きな比重を占めていて、労働効率性で言うと、効率は非常に悪い」

　幹部「今のグローバル経済において、労働現場の効率化は強く求められているけれど、森林管理の仕事の効率化には限界があるね」

　私「ドラえもんの『どこでもドア』でもあれば、大幅に効率化できるのですけど」

　幹部「そうかもね（笑）。だけど、私のような製材部門は、極端な話、丸太が積まれた土場だけ見ればいいかもしれないけど、鈴木さんの仕事はそうじゃないんじゃないの？」

　私「そこなんですよ。フォレスターには森の育成段階の仕事もあって、各現場の状況を常に見ておかないといけないので。違法伐採や不法投棄の監視もしないといけないし」

　幹部「森林パトロールだね。その日の目的地にだけ行けば済むって仕事じゃないね」

　私「『どこでもドア』があっても、結局、使わないかも（笑）」

「ついで」に見る現場確認

　フォレスターの仕事において現場確認は、最も基本的、かつ重要な業務である。そして、フォレスターはあらゆる機会を使って、現場の今の状況を丁

写真 1-4　冬の知床連山の山並み

寧に確認する必要がある。

　目的地に向かう道沿いに気になる現場があったならば、車を止めてその様子を見る。必要があれば、車から降りて森の中に入って状況を観察する。植林したばかりの苗木の生育状況、設置したシカの侵入防止柵の破損状況、下刈・間伐等の実施状況、山主や造林業者から「時間がある時に見ておいて」と頼まれた現場など、確認しなければいけないことは山ほどある。そして、そこをその日の別の用事の「ついで」に見てしまうことで、効率的に現場を確認し、最新の情報にアップデートするのである。現場の状況をいち早く把握できれば、苗木の生育不良や不法投棄などのトラブルにも迅速に対応することができる。

　目的地からの帰り道は、もちろん、行きとは別の道を帰ってくる。そうすることで、行きとはまた別の森を観察することができるからだ。仮に帰り道が大回りになったとしても、その道を選択する。その日の業務の効率だけを考えれば、事務所と目的地の間の最短距離の道をただ往復する方が合理的な

のだが、事務所から各現場にその都度出かけていくことの非効率を考えると、その方が全体としては効率的になるからだ。一見、遠回りのようで、この選択の方が近道なのである。

このことは、林道の思想にもどこか似ている気がする。北海道大学名誉教授の石城謙吉氏は、北海道大学苫小牧演習林（現「苫小牧研究林」）での都市林づくりの経験から、林道の役割について、特定の地点の間を短絡することよりも、森の様々な場所を縫って走るという点に注目している。そして、「林道は、森を通り過ぎるコースである以上に、人と森の接触の『場』なのである」と指摘している（石城、1994年：80p）。

フォレスターはこの考え方をさらに拡大し、林道だけではなく国道・県道・市道などのあらゆる道を、森との接触の「場」として捉えるべきではないだろうか。それらの道から見える森を観察し、それらの道を起点に森の中に入り進んで、奥の森を観察する。町内の道路網を最大限に活用して、現場確認や森林管理に役立てていくのである。

全国市町村を対象に2020年に石崎涼子氏らが実施したアンケート調査結果によると、全国の市町村林務職員が現場に行く頻度は、「月1回以上（週1回未満）」が39％で最も多かった（石崎ら、2022年：217～218p）。この結果はつまり、市町村職員は週1回も現場に行っていないことを意味している。また、林務職員数が少なくなるに従って、「半年に1回以上（月1回未満）」（月1回も現場に行かない）、「現場に行かない」の割合が増えて、小規模自治体の市町村職員は現場確認にほとんど行っていないという結果だった。これは、地域の森林管理の実態が、極めて深刻な状況であることを示している。「忙しいから」という理由で、現場確認をさぼってはいけない。フォレスターは、現場確認の重要性を改めて認識し、第2章6～7節の方法などで業務全体を大幅に効率化し、確保した時間を現場確認に充ててほしい。理想としては、週の3分の1以上の時間は現場に行っておきたいところだ。そして、目的地への往復の「ついで」に他の現場の確認をすることで、効率的に、より多くの現場を見るのである。

5. 森のことは森で話そう

オニグルミの取引

　北海道北部にある人口約1,400人の中川町に、髙橋直樹さんという自治体職員がいる。髙橋さんは中川町で、広葉樹材の多様な販売ルートを構築するなど、地域森林を活かした多くのプロジェクトを実現させた仕掛人であり、私の友人でもある。そんな髙橋さんから聞いたエピソードに、次のようなものがある。

　中川町に広がる広葉樹林の活用を検討していた髙橋さんは、広葉樹材の評価を地元業者に依頼したが低い評価しか受けられなかったため、独自で広葉樹材の販売ルートを開拓することを決意した（中川町のこの施策の展開プロセスは第5章2節を参照）。そこで目を付けたのが、林業界では例の少ない、家具業界との木材の直接取引だ。そして、その第一弾として実現したのが、旭川市の旭川家具センター（現「旭川デザインセンター」）の家具作家とのオニグルミ材の取引だった。

　家具作家が製作した椅子を購入したことから連絡を取るようになった髙橋さんは、中川町の森に招待した。家具作家との取引を実現させるために、中川町の森の状況を一度見てもらおうと考えたのである。

　取引の大きな壁になったのは、供給する広葉樹丸太の品質条件だった。家具作家は、丸太の日本農林規格（JAS規格）で「2等以上の品質のオニグルミ材が欲しい」と事前に伝えてきた。しかし、中川町の森には2等以上の高品質のオニグルミは少なく、3等以下の立木が多くを占めていた。

　当日、中川町の森や土場を案内しながら、髙橋さんはそのことを説明した。家具作家は、自分の目でオニグルミの立木や土場の丸太を見て、髙橋さんの説明を理解した。そして、3等や4等の品質の木でも、太さなど一定の条件をクリアーできれば家具材として十分に使えることを確認した。その後、供給するオニグルミ材の太さの条件について話し合い、30cm以上の太さの材とすることとし、2013年から中川町のオニグルミ材の供給が始まり、中川町産オニグルミの机や椅子の生産が始まった。髙橋さんと家具作家は、森の

中で実物を見ながら話し合ったことで、解決の糸口を見出したのである。

　また、家具作家などの木材を加工して製品を作る側の人たちの現場を、山側のフォレスターが見ることの重要性についても髙橋さんは指摘する。オニグルミ材取引交渉において、髙橋さんは家具作家の工房や製材工場などを訪問し、曲がりが大きかったり、大きな死節^{しにぶし3}のある丸太は家具用材として使いにくいことを学んだ。髙橋さんは、

「山側の人間は、品質の悪い木でも使ってほしいと考えてしまうが、ユーザー側にも使う側の都合があるので、そこを理解し、一緒に『落とし所』を見つけていくことが大事」

　と言う。髙橋さんと家具作家は双方の現場を見て話し合い、オニグルミ材取引に向けた落とし所を見つけたのだ。

山主への指導

　森の中で話し合うことは、山主に対する現地指導においても有効である。たとえば、豊田市は過去の災害経験から、地域全体の災害リスクを軽減させるための施業ルールである森林保全ガイドラインを策定し、2019 年から運用を開始した。[4] これは豊田市の地形・地質等の条件に沿った独自の施業ルールであり、皆伐や作業道の開設を申請してきた山主に対して、危険な箇所での作業を控えるように指導する。事務所でこのような説明をすると、山主や伐採業者から、

「どうして自分の森の木なのに自由に伐れないのか」
「以前はそんなこと言われなかった」

　とお叱りを受けることもある。そんな時は、

「現場で説明させてください」

　とお願いする。日程を調整して、後日、伐採予定現場に関係者に集まってもらい、森を歩きながら話す。

「全部伐るな、と言っているのではありません。この箇所は急傾斜で、地質は風化した花崗岩なので脆く、ここを皆伐すると、伐採された根株が腐ってくる 10 年後あたりから崩壊リスクが高まっていきます。一度崩壊すると沢に土砂が流れて、土石流災害を誘発する恐れもあります。そのリスクを抑え

写真 1-5　表層崩壊を起こした現地。災害リスクを抑える施業ルールが必要である

るために、この箇所の皆伐は控えてほしいのです」

　と話すと、

「そういう視点もあるわな。災害が起きて下流に被害が出るといけないし
なぁ」

2——日本農林規格（JAS 規格）では、節の有無や曲がりの大きさなどの品質基準に
　　沿って、広葉樹丸太を 1 等〜 4 等に区分している。2 等は節や虫食いが少なく、
　　曲がりの小さいもので、品質の高いものとされている。

3——節は、幹の成長で、枝が幹の材の中に包み込まれた部分のことで、このうち、
　　枯れ枝が包み込まれた節を死節と言う。死節は幹とつながっていないため、製
　　材後に乾燥すると抜け落ちる抜け節となり、これが多い丸太の等級は低く評価
　　される。

4——豊田市森林保全ガイドラインの施策プロセスは、鈴木春彦・柿澤宏昭「市町村
　　森林行政における施策形成・実施の体制と地域人材の役割：5 自治体の独自施
　　策を事例として」、2021 年を参照のこと。

と多くの山主は言ってくれる。自分の目で現地を見たことによって、事務所ではイメージできなかった災害リスクへの理解が深まったのである。1本でも木を多く伐れば経済的メリットがあるから、山主は必ずしも「納得」はしていないのかもしれないが、自治体の方針を「理解」してくれたことで、話をまとめることができたと考えられる。

　森が持っている癒し機能も、現地での山主との話し合いの円滑化に一役買っているだろう。森林内の清浄な空気、樹木の香り、枝葉のこすれる音、鳥の声などが、人間に精神的な安らぎを与えるとされている。

　森林組合職員の友人は、

「初めて会う山主でも、一緒に森を歩くと警戒心を解いてくれる。受け入れてくれる」

　と言った。森の持っている癒し機能が、人の心の中の警戒心を解きほぐしてくれるのである。北海道の篤林家の知人は、

「夫婦喧嘩をしても、一緒に森の中を歩けば仲直りできる。最後は手をつないじゃったりして、以前よりも仲良くなれる」

　と話してくれた。この夫婦円満説を私自身は検証したことはないが、森には、時にはムズカシイ人間関係を和らげ、関係を維持していく、潤滑油のような働きがあるのかもしれない。

　この森の癒し機能を、山主や事業者との話し合いに活かさない手はない。事務所を出て、森へゆこう。森のことは、森で話そう。

6．地域の歴史を知る

関わりの積み重ねとしての森の姿

　われわれの周りにある森は、地域の先人たちによって作られてきたものである。人工林はその典型で、50 ～ 60 年前に山主が一本ずつ苗木を植えたことによって、日本の人工林は存在している。一方、天然林も人との関わりがなかったわけではなく、集落に近い天然林は、里山利用という地域住民による強い関わりの中で形作られてきたし、原生林に近い天然林も、藩や政府の保護政策という社会的関与の下で現在まで守られてきた。

　豊田市の森を歩いていると、先人たちの関わりの痕跡が林内のいたる所に発見できる。沢沿いにあって、自然地形として不自然な形をしている平坦地のスギ林は、1960 年頃まで田畑として使われていた場所に農家がスギを植えたものである。天然林内で、コナラ・アベマキなどの高木性広葉樹の根元を見て切り株から発芽したような形の木があれば、それは、薪炭木用として里山利用されてきたエリアである。炭窯跡や住居跡なども林内に発見できる。さらに、集落間を結んだ歩き道（赤線と言う。戦後に売春が行われた区域のことではない）や、木馬と呼ばれるそりを使って人力で木材を運んだ木馬道の痕跡も、豊田市内では比較的容易に見つけることができる。

　このように、地域の森は、先人たちの関わりの積み重ねの結果として現在の姿になっているのであり、地域の森のことを知ろうと思えば、地域の歴史のことを知らなければならない。人と出会い、その人間を好きになればなるほど、その人のことが知りたくなるように、地域の森が好きになれば、地域の森の歴史をもっと知りたくなるものだ。

歴史を知ることの利点

　ところで、地域の歴史を知ることの利点は何であろうか。一つには、そこに、現在にも役立つ知識や知恵が詰まっているということがある。たとえば次のような事例を紹介しよう。

　シカによる樹木食害は日本の森林管理の大きな課題になっている。私の

写真 1-6　古くから用いられている運材技術の修羅。丸太を円弧状に並べて、傾斜を利用して自重により木材を降下させる。2015 年に豊田市で復元

フィールドだった標津町もその例に漏れずに被害が拡大したため、いろいろな手法を試しながら、たどり着いたのが「標津方式」という対策法だった。これは地域の関係者と話し合って生み出したもので、中古の漁網と間伐材を使って植林地を囲む侵入防止柵を設置し、合わせて、柵の周囲にククリ罠を複数個配置してシカ駆除も行うという、2つの機能を備えたものだった。

　現在の林業の獣害対策が、柵設置や保護材を使った苗木防護など「守り」に力点を置いているのに対し、入り口を探して柵の周りを歩くというシカの習性を逆手にとって、シカを駆除するという「攻め」の要素も加えた点が、この方法のセールスポイントだった。立木を守りながらシカの個体数を減らすという標津方式は成果を上げ、また、漁業関係者や猟友会と連携している点も評価され、研修会が開催されるなど一時注目される対策法になった。

　ところが、その後に読んだ文献で、江戸時代のイノシシ対策として石や土

写真 1-7　標津方式のシカ侵入防止柵

を積んでシシ垣を作り、その周囲に落とし穴を併設するという対策法が日本にはあることを知った。保護物を守りながら害獣を駆除するこの方法は、標津方式の考え方そのものであり、200年も前から日本各地で実践されてきた方法だった。

　よく考えてみれば、当たり前のことだった。日本の先人たちは、農作物を食べ荒らすイノシシやシカなどの獣害と長年向き合ってきたのであり、その中で、様々な対策法を編み出してきた。そんな基本的なことに気づかずに、フィールドで失敗を繰り返したばかりか、ようやく考えた「標津方式」を、さも新しいもののように得意げに宣伝していた自分の不勉強ぶりに恥じ入った。

　このように、地域の歴史には長い年月の試行錯誤のすえに生み出された知恵や知識が詰まっている（第2章2節でも地域の知恵の実例を紹介する）。地域の歴史から学ぶことで、現在直面している課題の解決に向けて大きなヒ

ントを得ることができるのだ。

　ところで、地域の歴史を知ることには、もっと本質的で、根本的な利点が隠されているような気がする。それは、すぐには役立たないかもしれないが、長期的に、じわじわと私たちに影響を与えていくものである。私たちの生活や社会をより良い方向に導いていく、思想のようなものかもしれない。

懐かしい未来

「懐かしい未来（ancient futures）」という言葉がある。これは、スウェーデンの環境活動家のヘレナ・ノーバーグ＝ホッジが、ヒマラヤ秘境でインド北部のラダック村での、長年のフィールドワークから紡ぎ出した言葉だ。厳しい気候と苛酷な環境にもかかわらず、ラダック村の人びとは幸福で満ち足りた暮らしをしてきた。そこには、お互いを尊重するという姿勢が深く根づいており、自然資源には限界がありその限界を受け入れた生活をするという基本的な考え方がある。経済成長の持続や技術の発展に突き進み、自然の限界に迫ろうとしている現代社会に持続性がないことは明らかだ。ラダックのような伝統社会に受け継がれてきた、思いやりと足ることを知る精神性が21世紀の世界には求められている。懐かしい未来という言葉には、このような想いが込められているのである（ノーバーグ＝ホッジ、2011年）。

　かつての日本の地域社会にも、ラダック村のように地域の自然に寄り添い、多様な関係が相互に補完し合う、調和と安定のある社会があったはずだ。環境問題や過密過疎地域問題が社会問題となっている今、その解決策を経済成長路線の延長線上に求めるのではなく、むしろ一度立ち止まって、かつての地域社会の姿から社会のあり方を考えることが必要ではないだろうか。

　フォレスターは、地域の歴史から学んで、森づくりを進めていく。そして、森という自然相手の仕事から見えてくる社会と森との関わり方について、積極的に発信していかなければならない。

第2章　フォレスターの「超」基礎技術

1．歩く技術と体力

現場の師匠

　今井忠一さん（標津林業元社長）は、大正時代に生まれ、50年以上にわたっ
て標津町で林業に携わってきた地元林業の生き字引のような方だった。そし
て、林業現場のことを一から教えてくれた、私の師匠でもあった。

　最初にお会いした頃の今井さんは既に80歳になろうとしていたが、毎日
のように現場に出かけ、森の中を飛ぶように歩いた。背丈ほどあるササ地帯
を力強く漕ぎ進み、倒木や岩を軽々と乗り越え、水の流れる沢や湿地を渡り、
森と牧草地との境界に張られた有刺鉄線をくぐった。一緒に歩くと、今井さ
んの背中がみるみるうちに小さくなって、20代の私が追いつけなくなり、

「すいませ〜ん、ちょっと待ってください」

　と言わねばならない場面もあった。若いのに、惨めである。当時の私は、
大学時代の登山経験から体力では負けないつもりでいたのだが、今井さんを
前にして、そのささやかな自信は見事に打ち砕かれた。

　さすがに80歳代半ばからは以前のような力強さはなくなったが、それで
も、しっかりとした足取りで林内を歩き、とても真似できないタフさだった。
今井さんは、終戦後にシベリアに抑留され強制労働に携わるという大変な経
験をされた方だったが、それらを乗り越えることができたのも、森で鍛え上
げた体力があったからである。今井さんはシベリア抑留について

「ロシア兵とも次第に心が通じて、良い経験になった」

　と笑っていたが、きっと、その言葉の底には複雑な思いが込められていた
のだろう。

　飛ぶように歩く今井さんの背中を必死で追いながら、森の中を歩き回る体

写真 2-1　ササ地帯の藪漕ぎ

力を持っていることの重要性をひしひしと感じた。

　日本の森林は、複雑な地形をしていることや道路の設置経費などの問題から、車が侵入できる道は十分に整備されていない。そのため、現地確認の多くは林道沿いに車を停めて、そこから歩いて目的地まで向かわなければならない。赤線や獣道のある現場は比較的歩きやすいのでラッキーなのだが、ほとんどの場合は道なき道を、地図を頼りに進んでいくことになる。奥深い目的地では、山を越え、谷を越え、現地に到達するまでに半日かかってしまうことだってある。

歩き方の基本

　一緒に森を歩く仲間たちを観察していると、歩き方にも人それぞれの個性がある。森歩きに適しているのは、ややガニ股で、膝を柔らかく使い、重心を軽く落とした歩き方をする人だ。森の中の凸凹や急傾斜地などでもバラン

スを崩さずに安定して歩くことができている。一方で、膝が固く棒立ちのような歩き方をする人や、内また気味に歩く人は見ていると不安定でハラハラする。

　私は高校時代に柔道部に所属していたが、柔道の基本の構えは、足を肩幅くらいに開き、膝を軽く曲げて重心を落とすことだった。この構えなら、相手が押したり引いたりして揺さぶりをかけてきても、体勢を崩さずに、相手の技を防ぐことができた（強豪相手にはあっさりと投げられたが）。この柔道の基本の構えは、相手の技を防ぐ「受け」だけではなく、相手に技を掛ける「攻め」においても、瞬時に技に入ることができる体勢で優れている。柔道も、森歩きも、常にバランスの良い体勢をとっておくことが大事である。

　森歩きは実に楽しいが、危険も潜んでいる。都市部のアスファルトの歩道を歩くのとは勝手がまったく違い、ササや低木に視界を遮られて根株や倒木につまずいたり、枝やつる性植物に足を引っかけたりすることが日常的だ。粘土質や乾燥した花崗岩の傾斜地では滑りやすく、枯れ葉の堆積した箇所もまた滑りやすい。それらの危険を回避するために、フォレスターは基礎的な体力をつけ、バランスの良い歩き方を習得する必要がある。

２．雑談は地域情報の宝庫

山主との雑談

　山主や地域住民と話をしている時、思わず、「これはすごい」と膝を打ってしまうような話を聞くことがある。その多くは、山主らと森を歩いている時の、他愛もない雑談の中から出てきたものだ。その中のいくつかを紹介しよう。

　豊田市の山主からは「尾根マツ、沢スギ、中ヒノキ」という言葉を教えてもらった。これは、「土地の痩せた尾根にはマツ類を、沢筋には湿度を好むスギを、尾根と沢の間にはヒノキを植えよ」という意味で、以前より、豊田市の山間地域で広く共有されてきた言葉だという。実際、豊田市の人工林を歩くと、尾根→中腹→沢の立地に応じて、アカマツ→ヒノキ→スギと丁寧に植え分けられていることが多く、この言葉が地域に広く浸透していたことが分かる。短い言葉の中で、アカマツ、スギ、ヒノキの樹種の生態を鋭く捉えて植林技術にまで発展させているうえ、キャッチフレーズ的に覚えやすい言葉にまとめたことが、この言葉の優れた点である。

　また、不明瞭になりがちな森林所有の境界を、山主らがどのように把握しているのかという話も聞いた。一般的には、地形や林内のシンボルとなるものを目印に線を引くことが知られている。たとえば地形では尾根やタナ（硬い岩石などで地形が緩やかになっている箇所）、沢などがそのまま境界になっていたり、大木や巨石等があればそれを目印に境界ラインを引くのである。植林地では、植林列を境界から１列分を離して植え、隣接地との立木の間隔を空けることによって境界ラインを明確にしている（時々、境界ラインのぎりぎりまで植林する山主もいて、山主の性格が分かる）。

　豊田市には、人工林内にツツジ科のアセビ（豊田市では「アセボ」）を境界木として植え、境界の目印にしている地区がある。アセビは寿命が長く、低木で主林木（スギ・ヒノキ）の邪魔をしないことや、常緑樹で１年中葉がついているので見分けも容易である点などが境界木として優れている。また、この木は漢字で「馬酔木」と書くように有毒であり、葉をかむと苦く舌がし

写真 2-2　境界木のアセビの木（写真の正面の低木）

びれるため、シカなどの食害を受けない。これを教えてくれた山主に現地を案内してもらうと、道路沿いから尾根までアセビがきれいに列で植えられており、とても分かりやすい境界線になっていた。

　また、別の地区の山主からは、カラマツを境界木にしているという話を聞いた。豊田市の人工林樹種はヒノキ・スギが大半なので、その中の境界にカラマツを一列植えることで、それを境界の目印にしているのである。カラマツは高木性針葉樹なので、人工林内ではアセビほど明確な境界木にはならないものの、針葉樹には珍しく落葉性という特徴を持っているので、冬期は葉を落とし、常緑人工林の中に引かれた1本の落葉樹ラインとして、遠方でも境界が確認できる。

　このように、山主や地域住民との雑談の中から、地域住民が時間をかけ蓄

えてきた、森に関する知識や知恵などを聞くことができる。これらは、林業技術本や郷土史には載っておらず、山主から聞いて初めて知ることも多い。「尾根マツ、沢スギ、中ヒノキ」は現代の植林に際しても知っておきたい基礎知識であるし、林内のアセビやカラマツに込められた意味は、今後の境界画定作業においても重要になる。これらの知識や知恵を受け継いでゆくことができないとすれば、それは実にもったいなく、地域にとって大きな損失だ。

雑談の技術

しかし、私の経験から言うと、山主と雑談をほとんどしない、市町村や森林組合等の職員は悲しいほど多い。山主訪問をしても、その日の要件が終わればサッサと帰ってしまうし、山主がせっかく話し出してくれたのに、「ああ、そうですか」とリアクションが薄いので、結局、地域にある知識・知恵などの深い話には、なかなか至らない。

「山主と何を話して良いか分からない」という職員の声を聞いたこともあるが、話すネタはいくらでもあるだろう。たとえば、森歩きの中で目に入ってきたものを素材に、単純に質問してみればいい。

「この森、良い森ですね。どうやって育ててきたのですか？」

と聞いてみる。そうすると、

「この森は親父が植えた。下刈は私も手伝わされたよ。夏の日の作業は辛くて……」

などと、多くの山主は話を広げてくれる。それをネタに質問を重ねていけば、おのずと会話は続いていく。

「この花、きれいですね。大事にされているのですか？」

と、花の話題は山主との会話の鉄板ネタと言っていい。本人が花好きではなくても奥さんや両親が好きであれば話はつながるし、花好きの山主だったら、「お前、分かるのか」と一気に親しい距離感で会話をしてくれるようになる。シイタケなどのキノコ栽培の話題も、鉄板ネタの1つである。

会話が弾んでくると、山主はいろいろな話をしてくれるようになる。植林時のことや施業の経過、最後に行った間伐はいつか、近隣の山主のこと、森林組合との関係性など。これらの情報は、森林所有者情報として職場に記録

として残しておくことが望ましい。

　それらの会話の中から、地域に共有されてきた知恵や知識の話題が出てきた時がチャンスだ。そのタイミングを逃さず、地域の知恵に関する話題に焦点を絞って、できるだけ詳しく聞き出すようにする。まとまった時間が必要になれば、別日に改めてヒアリングすることも考える。山主とは既に関係性ができているので、その申し出を断る山主はほとんどいないであろう。

　とにかく、ムズカシイことは考えず、まずシンプルな質問から始めればいい。大事なことは、山主やその森に強い関心持つことである。

　2008年、日本学術会議は「『地域の知』の蓄積と活用に向けて」という提言を発表した。ここでは「地域の知」を、地域に生きる人々が育んできた情報、知識、知恵と定義している。そして、格差問題、環境問題、過密・過疎地域問題など現代の様々な「負の遺産」を解消していくために、「地域の知」を掘り起こし、収集・保存・共有し、これからの取り組みに活用していくことが重要だとした。森林問題もこの例外ではない。そして、「地域の知」を継承していくための鍵を握るのは、フォレスターの雑談力なのである。

5──日本学術会議「『地域の知』の蓄積と活用に向けて」、2008年（http://www.scj.gp.jp/ja/info/kohyo/pdf/kohyo-20-t60-2.pdf）

3．第2の頭脳：メモの力

人間の記憶力はあてにならない

　1つのことを覚えてはすぐに忘れ、これではいけないと思い、覚え直しても、また忘れる。まるで人の脳は忘れることが仕事と言わんばかりに、次々に記憶を失くしていく。

　子どもの頃から、授業で習ったことは覚えなさい、忘れ物をしてはいけません、と教えられ、それができなかった時は叱られてきた。頭の良さは記憶力の良さと同列に語られ、学校は知識量を増やすことを目標にしているようだった。

　それでも、やっぱり忘れてしまう。学習したことを忘れて、テストの点数が散々だったりする。職場で指示されたことを忘れて怒られたり、友達との約束を忘れて信用を失ったりもする。どうやら人間の脳は、すべてのことを記憶するだけの容量を持ち合わせてはいないようだ。

　人の記憶力に関する有名な理論にエビングハウスの研究があり、ドイツの心理学者のヘルマン・エビングハウス博士は、19世紀末に実験を行い、その結果から人の記憶に関する忘却曲線を導き出した。[6]この研究によると、学習で覚えた記憶は20分後には42%、1時間後には56%、1日後には66%、6日後には75%が失われる。学習直後から記憶力は急速に低下し、1日後には3分の2の記憶を人間は失くしてしまうことを示している。

　このように、人間の脳が時間の経過とともに多くの記憶を失ってしまうとすれば、山主から聞いた貴重な地域情報や、現場踏査で気付いたことなどの情報の多くをフォレスターは失うことになる。山主との協議では、後に「言った」「言わない」のトラブルに発展することもある。現場で、見たこと、聞いたこと、話したことなどの情報は、できるだけ記憶しておきたいもの。そのために、フォレスターはこまめにメモを取らなければならないのである。

キーワード記載法

　森の現場に出る時は、私は、メモ帳とペンを必ず携帯する。メモ帳は、コ

クヨのレベル野帳（165 × 95 × 6 mm）を長年使っている。硬い表紙を採用しているので、バインダーを添える必要もなくそのまま筆記できて、かつ雨濡れにも強い。また、コンパクトなサイズで作業着の胸ポケットに収まるなど、現場での使い勝手が良いからだ。ペンは、細かい字が書けるペン先0.38mm の、赤・黒のボールペン2本を持っていく。

　現場で気づいたことがあれば、立ち止まって、胸ポケットから手帳とペンを取り出してメモし、現場状況をスマホで撮影しておく。山主と話す時のメモは、その場の雰囲気を見て、メモできる状況であればメモするし、そうでなければ、要点を記憶しておいて打合せ後に速やかにメモしておく。

　メモの書き方は、シンプルな構成になるように心掛けている。（図2-1）。まず、メモ帳を開いて、ページの上部に、日付とタイトルを書く。そして下段に、打合せ場所、打合せ者について書く。図2-1の左ページは、林内に作業道を開設する際に、工事担当の森林組合スタッフと現地協議した時のメモである（実際のメモを簡略化したもの）。タイトルは「作業道現場指導」で、打合せ日、打合せ場所、路線名、打合せ者が書いてある。ここの、いつ、どこで、誰が等の基本情報がないと、情報としての価値がなくなってしまうので、これは定型的に書いておく。

　次に、その下の欄に、メモを順番に書いていく。メモは文として書くのではなく、キーワードなどの最小限の文字数で記載するようにしている。これを私は、「キーワード記載法」と呼んでいる。

　図2-1の左ページは単語を並べて箇条書きで記載しており、たとえば「要木（かなめぎ）、重要」というメモがある。林内の中腹に作業道を設置するには、斜面を横断方向に削って道を作っていくことになり、その山側の切土法面（きりどのりめん）の扱いが道路維持・災害防止の面で重要になる。その切土法面の上部付近にある

6——この実験は、無意味な13音節を作って、最初の学習でそれらの音節を覚えるのに要した時間と、時間を置いてから覚え直すのに要した時間との差の「節約率」、最初の学習に要した時間と覚え直すのに要した時間の比率を「忘却率」として示した（ヘルマン・エビングハウス『記憶について：実験心理学への貢献』、1978 年）。人の記憶力について、再学習による節約率や忘却率を用いる量的把握法を開発したことに、エビングハウス博士の研究の独創性があった。

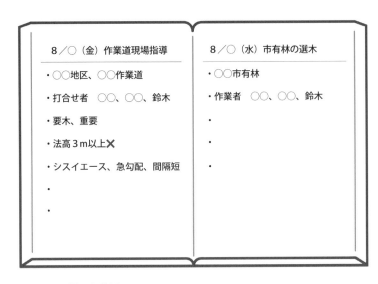

図 2-1　メモ帳の記載例

木で、根張りの良い健全木は法面土壌を固定する要木になるので、「工事の際は要木を極力伐採しないように」と森林組合スタッフに私が指導した。このメモは、そのことを意味している。

　次の「法高３ｍ以上×」の記載も、法面保護についての話の流れで、法面高が高くなると法面崩壊リスクが高まるので、「緩傾斜の箇所を狙った線形にして法面高が３ｍ以上にならないように」と指導したことを意味している。

　このように、キーワード記載法は、協議内容や現場情報等でポイントになったキーワードを抽出し、単語として並べるだけというシンプルな記載法である。本人以外には意味不明な記載も多いが、現場ではメモする時間をなるべく短縮したいという理由から、このような記載法にたどり着いた。

　たとえば現場踏査で、同行者がいる時に立ち止まってゆっくりとメモを取っていたら、同行者に迷惑をかけてしまう。または、メモ中に蚊やブヨがまとわりつくことや、風雨にさらされることだってある。そんな時、キーワード記載法でささっとメモを切り上げるのである。メモ時間の短縮は、メモするという行為に対する人の心理的ハードルを下げ、こまめにメモを取る習慣

を付けるためにも役立つ。

　もちろん、時間に余裕がある時は、文章で丁寧に書いたり、位置図や現場スケッチを描いたりすることもある。その方が、正確で、詳細な記録として残すことができる。しかし、やはり現場では時間に余裕がないことが多いので、キーワード記載法が基本になるのだ。

　なお、人名や地名などの固有名詞や数値などの情報は、すぐに記憶が曖昧になってしまうので、これらの情報は特に意識してメモに残しておいた方がいい。

　そして事務所に戻り、メモ帳を見ながらパソコンに文章として打ち込んでいく。当日中、または遅くても次の日のうちに作業すれば、メモ帳のキーワードを見れば、前後のやり取りも含めて、かなり詳細に再現することができる。日数が経ってしまうと、キーワードを見ても思い出せなくなる場合があるので、なるべく早いタイミングでこの作業をするのがポイントだ。現場で撮影した写真もPCに取り込んで、可能であれば、画像のタイトルに箇所名や現場のポイントを記載しておくと、後で検索する時に引っかかりやすくなる。

　以上のような、メモ・撮影→PCへの文章入力・画像保存の一連の作業をこまめにすることが、地域森林の管理業務を遂行する上で重要である。ちなみに本書には、10年以上前の関係者との会話を詳細に再現している箇所が複数あるが、これは私の記憶力が特別に良いということではない。これができたのは、会話の内容をすぐにメモし、記録として残していたからである。このように、メモを取ることは本を書く時にも役に立つのである。

4．フォレスターのリベラル・アーツ

　林学を学ぶ学生から、

「フォレスターになるためには、学生のうちに何を学んでおけばいいのか？」

　と質問を受けることがある。

　簡単に答えるなら、

「今、あなたが受けている林学教育の各科目を真剣に学びなさい」

　と言うのだが、質問をする学生はそういう当たり前過ぎる回答を望んではいない。フォレスターの実際の現場で、どのような科目が基礎的な教養として重要になるのか、と問うているのである。

　この質問は、フォレスターが本来やるべき仕事とは何か、という問いに関わるもので、そこが曖昧になっている日本の森林・林業界では答えるのは意外に難しい。人によって様々な答えが返ってくるので、質問した学生も混乱するだろう。

　しかし、将来の人材育成を考えるにあたって、この問いは重要な論点の1つなので、ここに私の見解を示しておきたい。フォレスターの基礎教養として、「造林」「防災」「林政」の3つが特に重要だと私は考えている。

　1つ目の造林学は、多様な森林を仕立て、育成するために必要な技術について研究する分野である。森林管理を行うにあたって一丁目一番地的な分野だが、実は、ここが疎かになっている現場技術者は多い。

　たとえば、樹木の樹種判別は造林学の基礎になるが、全国市町村の林務職員を対象とした調査結果では、地域の広葉樹が「分からない」と回答したのは、なんと全体の73％にものぼった（石崎ら、2022年：219p）。ここで問題なのは、この設問の「広葉樹」は地域のあらゆる広葉樹（低木含む）のことではなく、地域の主要な高木性樹種（たとえば豊田市ではカシ、ナラ、サクラなど7種）に絞ったものであることだ。地域に100種類以上はある広葉樹の中で、10種類にも満たない主要樹種が分からないと大半の市町村の林務職員が言っているのであり、残念ながら、これが市町村の林務担当の実態である。

写真 2-3　広葉樹の判別研修。主要広葉樹の知識はフォレスターには必須である

　この傾向は森林組合や民間林業事業体などの現場技術者にも当てはまり、森林整備事業で扱うスギ・ヒノキなどの人工林樹種は分かるが、それ以外の樹種は分からないという人は多い。多くの現場では広葉樹のことを「雑木（ぞうき）」「雑（ざつ）」などと一括りにして呼んでおり、この言葉遣いからしても、いかに現場技術者が広葉樹に関心を寄せていないかが分かる。樹種判別を含む造林学を習得し、多様な森を仕立てていくことのできる人材を現場に増やさなければならない。

　2つ目の防災は、山腹斜面や渓流などで発生する土砂災害を防止・軽減するための砂防学や、水害に関わる森林水文学などの分野のことである（地形学、地質学も含む）。第4章5節でも見るように、毎年のように土砂災害や水害が発生し、各地で大きな被害をもたらす災害大国の日本では、災害防止型の取り組みが地域森林管理の最重要課題の1つになる。フォレスターは森林に関わる防災分野の知識を習得し、防災の視点を持って、地域森林のゾーニングや施業、道づくりを行う必要がある。

　3つ目の林政学は、森林や林業をめぐる経済や社会のあり方に関する政策

科学のことである。私は、林政学の強みは、政策や制度、組織を対象として、歴史プロセスを分析してその特徴を明らかにしてきたこと、さらに、海外を含む複数地域の比較検討の中で政策や制度を分析してきたことにあると考えている。たとえば前者では、日本の林地保全制度の中心である保安林制度について、その誕生から変遷のプロセスを林政学の成果から学ぶことで、この制度の意義と限界が分かり、森林保全対策として地域で何をすればいいのかが見えてくる。

　以上のように、私はフォレスターの第1の役割は国土の66％を占める森林を適正に管理することだと考えているので、フォレスターの基礎教養を3つ選べと言われれば「造林」「防災」「林政」の3分野を挙げる。

　しかし、もちろんこの3分野だけですべて事足りるということではない。この3分野をきちんと身につけた上で、森林における生物と環境の関係を扱う森林生態学や、木材生産や木材加工などの木材利用などの分野にも積極的にチャレンジしてほしい。

5．フォレスター業務に「動的平衡」を

福岡博士の動的平衡論

　ある講演会の企画で、多くの市民に森のことを知ってもらいたいと、著名な生物学者である福岡伸一博士に講演をお願いしたことがある。

　当日、講演の2時間前に豊田市駅東側のロータリーで待っていると、テレビで見ていた福岡博士がさっそうと現れたので、ドキドキしながら挨拶し、会場までご案内した。森林・林業の講演会としては珍しく、会場には400人を超える市民が集まり、「What is life?（生命とは何か）」という問いかけから福岡博士の講演が始まった。

　ドイツ生まれの生化学者であるルドルフ・シェーンハイマーの研究成果を手掛かりに、食物として体内に取り込んだ物質が体の一部に置き換わり、既に体内にある物質が排泄物として外に出ていく仕組みを説明した上で、身体は固定的なものではなく、通り過ぎつつある物質が、一時的に形作っているにすぎない、と話は進んだ。ここから、「生命とは動的平衡の流れである」という福岡生命観が展開し、森も自らを壊しながら新しいものと入れ替えていること、大きく変わらないために、小さく変わり続けているのだとした。

　この講演で印象的だったのは、動的平衡論の前提として、宇宙の大原則としてエントロピー増大の法則がある、というくだりだった。エントロピーとは、「無秩序な状態の度合い」を数値化したもので、無秩序な状態ほどこの数値は大きく、秩序の保たれている状態ほど数値が小さくなり、秩序あるものは必ず秩序のない方向に向かう（数値は増大する）という法則である。時間の経過とともに、整頓された部屋は汚くなり、温かいコーヒーは冷めて、熱烈な恋愛が必ず冷めるのも、この法則によっていると福岡博士は言う。生命は、増大し続けるエントロピーを絶えず系外に捨て続けることで、秩序を作り直し、生命を維持している。そこでは、作ることよりも、むしろ壊すことを優先させているという点が重要なポイントだ。

エントロピーが増大し続けるフォレスター業務

　エントロピー増大の法則がなぜ私に強い印象を残したかというと、この法則はそのまま、日本の森林管理の現場にも当てはまると思ったからだ。私がフォレスターとして仕事をしてきたこの20年の間だけでも、フォレスターが担う業務量は格段に増え、特に書類事務が増えて煩雑になり、秩序だった業務ができていない状態に置かれている。

　その理由の1つには煩雑な補助金制度があり、たとえば森林整備補助制度には様々なメニューがあり、それぞれに事業採択の要件が事細かに定められており、申請地がそれに合致するかの確認、事業実施のための計画書の作成、各種申請手続き、必要に応じて変更手続き、現地作業写真の撮影、そして事業実績報告書の作成などなど、膨大な書類の整備が求められる。その複雑さはベテランの県専門職員の「手に余る」レベルまで達しており（中村、2019年：153p）、現場技術者の大きな負担になっている。また、2000年前後から加速度的に進んだ地方分権化によって、多くの業務が市町村に移譲され、その対応に市町村の林務担当は右往左往させられている。

　これら現場業務量の増加はデータとしても裏付けられており、石崎らが2020年に全国市町村を対象に実施したアンケート調査では、市町村森林行政の業務量は2016〜2019年のわずか4年間で37%増加したと推定できる結果となっており、また、別の設問では8割以上の市町村が人員不足を実感しているという結果になっている（石崎ら、2022年）。このように、市町村の林務職員の業務量は急速に増えており、それに対応する体制整備はほとんど進んでいない。

　福岡博士の動的平衡論に倣うのであれば、増大し続けるフォレスター業務は絶えず系外に捨て続けることで、フォレスターとしての生命を維持していかなければいけない。そこでは新しい業務を作ることよりも、むしろ捨てることを優先させなければいけない。既存業務に疲弊している状態では、質の高い仕事や新しい仕事など、できるはずがないからである。

　では、どのように業務を見直していけば良いのだろうか？　法律や補助制度で定められた業務は市町村の判断で見直すことができない場合も多いが、その他の業務に可能性はないのだろうか。次節以降で検討していきたい。

6．業務改革の期限の設定

　以前、ある自治体の職員が私の仕事に関心を持ってくれて、
「どうして、そんな風に新しい仕事に次々と取り組めるのですか？」と聞いてきたことがあった。
「逆に、あなたはどうしてできないのですか？」と聞くと、
「今、抱えている仕事が忙しくて時間がない」と言う。
　詳しく聞いてみると、その人の抱えていた業務量は膨大だったので、
「今の仕事を見直し業務量を減らして、あなたの持ち時間を増やさないといけませんね」と答えた。
　これはほんの一例だが、各地のフォレスターと交流して、日々の業務に「忙しい病」になっている職員は実に多い。いや、ほとんどの職員が「忙しい病」を患っていると言ってもいい。既存業務を見直し、フォレスターの持ち時間を確保することが日本の森林管理の緊急の課題であろう。本節と次節では、そのための具体的な方法を検討するため、私が実践してきた業務改革の方法を紹介したい。

林務業務を4つに分ける

　図2-2は、横軸を業務の重要度、縦軸を改革の難易度として4つに分けた図である。フォレスターとして着任し、業務の全体像が見えてきた半年を目安に、林務担当の全業務を紙に書き出し、この4区分のいずれかに振り分ける。
　たとえば、市町村の伐採届の受付や審査業務は、地域森林の伐採をコントロールするための重要な業務なので重要度は「高」、森林法に基づくものなので改革の難易度は「難」で「3」に入る。次節で取り上げる中学生対象の森林教室は、将来世代への普及業務なので重要度は「高」、自治体が自主的に開催する事業なので改革の難易度は「易」で「2」に入る。事業効果が低くなった（重要度「低」）と判断できる、山主や団体への市町村単独の補助金・助成金の交付業務で、現在の受給者の反発が予想される場合（改革の難易度

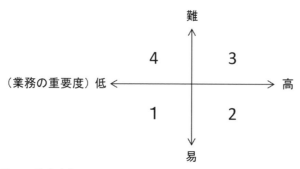

図 2-2　業務改革のための 4 区分

「難」）は「4」になる。惰性で開催される中身のない会議で欠席しても差し支えないものは「1」になる。このように、「業務の重要度」と「改革の難易度」の 2 つの評価軸で業務を振り分けるのである。

　なお、本来であればこの前段階に、改革が必要な業務なのか否かに分ける工程があるのだが、どの業務も日々の改革が必要であると判断し、林務担当の全業務をいずれかの区分に振り分けるようにした。

　この作業は次のステップに進むためのものだが、年間の全業務を書き出して可視化することで、自分の担当する業務の全体像や業務量が把握できるほか、適切なスケジューリングで業務量の平準化や計画的な業務実施につなげられるという点においても重要である。

改革期限の設定

　次に、各業務について以下の基準で改革の期限を設定する。

　①1、2 に判定　→　1 〜 2 年
　②3、4 に判定　→　3 〜 4 年
　③3、4 に判定　→　5 年以上

　①は改革の難易度が低いので直ちに改革すれば良いのだが、実際に業務を行ってみると予想外の効果があったり、関係者との調整が必要な場合があるので、業務によって 1 年間様子を見るという選択肢も含めて、1 〜 2 年の期

間設定にしている。もちろん、明らかに不要な業務で、関係者との調整が容易なものは直ちにカットする。

②③は業務の判定が同一になっているが、基本としては、①以外の業務は②になるべく収めるようにして、3〜4年で改革をやり切ってしまうことをお勧めする。その理由は、鉄は熱いうちに打った方が担当者のモチベーションが高く改革が進みやすいほか、市町村の林務職員は第3章表3-5（75p）のように、その多くが3〜4年以内で異動してしまうため「3〜4年」という期限設定が重要になるのである。とはいうものの、法律改正や都道府県事業など市町村等に決定権のない業務については長期戦となるため、③に振り分けることもある。

以上のように、改革の難易度に沿って期限を設定し、業務改革に取り組んでいく。重要度が低い業務は廃止や統合を進め、その他の業務も効率化してフォレスターの業務量を減らすのである。そして、業務量の削減に目途がついた段階で、判定2、3のような重要業務は内容を充実させる方策を検討する。業務の削減・効率化によって確保された時間を、重要業務に集中的に投入してフォレスターの仕事の質を高めるのである。

7．時間を作り出す

　それでは、林務業務をどのように改革していけばいいのだろうか。具体的な方法として、①業務方法の変更、②業務の統合・廃止、③職員間の分担の見直し、④アウトソーシングの4つがある。順番に見ていこう。

業務方法の変更

　①業務方法の変更は、その言葉のとおり、業務の作業の仕方を見直すことである。これは、担当者レベルの判断ですぐに変えられることも多く、改革のハードルが最も低い方法と言えよう。分かりやすい例で言うと、手書きだった書類や図面を電子化したり、郵送していた書類をEメールで送るなどは比較的簡単にできる。私が標津町に入庁した20年前は、現場測量図を手書きで作成していたが、図面作成フリーソフトを導入して作業すると作業時間は以前の10分1以下になった。

　また、伐採届や森林所有者届などの申請業務について、パソコンやスマホを使ったオンライン申請ができるようになれば、担当者の窓口対応が少なくなり、山主もわざわざ役所まで来なくてもよくなるため、お互いにメリットがある。コロナ時代に入って、会議はオンライン開催や書面開催（書面のやりとりで開催したことにする方法）などが急増し、かなり効率的になってきていると感じる（ただし、対面会議のメリットもあるので会議目的や内容によっては対面で実施すべきだと思う）。森林・林業界の業務にはまだまだアナログ的な作業が多いことから、他の業種以上に、オンライン化・デジタル化を意識して業務の効率化を目指していかなければいけない。

　開催場所の変更でも、業務を大きく効率化できる。以前に私が担当していた普及事業に、地元の中学生を現場に連れていく森林教室を年2回開催するというものがあった。問題だったのはイベントを開催する場所で、車で片道1時間以上もかかる山奥で開催していて、事前準備を含めて移動にかなりの時間を要していた。これを改善すべく、片道15分の場所に適地を見つけ、思い切って開催場所を変えてみると、学校側も「生徒に時間的な余裕ができ、

学習に集中できた」と喜んでくれ大成功だった。

　この変更によって、職員の移動時間を片道45分程度短縮することができた。1回の開催につき職員2名が事前準備を含めて3回程度は現場を往復していたので、1年間では、計18時間（45分×往復×3回×年2回×2名）の業務時間の短縮である。これを土木工事等で用いる、ある仕事に1日（8時間）を要する人員数で表した「人工（にんく）」の単位に換算すると、2.2人工もの労力が削減できたことになる。

業務の統合・廃止

　②業務の統合・廃止は、効率化の観点から事業を統合したり、時代の変化によって必要性が低くなった事業を廃止していくことである。たとえば先述の普及事業は、その後、対象生徒数は変えずに回数を年2回から1回に集約して開催するようにしたが、この統合によって、1回開催するのに要していた時間（計40時間程度、5人工）が短縮できた。つまり、①業務方法の変更＋②統合によってこの事業は計58時間（7.2人工！）もの時間を短縮できて、職員の持ち時間として確保することができたのである。

　こうしたちょっとした工夫や統合を意識しない職員は意外と多くて、前年通りのやり方で開催し続けているのだが、58時間もあれば地域のかなりの現場を踏査することもできるし、山主と対話することもできるし、新しい施策を考え企画書を書く時間に充てることもできる。オンライン化等も含めて全業務を効率化して縮減した時間を積み上げていけば、多くの職場では全体で年2〜3週間以上の時間を確保することは十分に可能だと考えている。

　当初に比べて必要性が低くなった事業を、思い切って廃止することも必要だ。以前関わった森林組合で赤字が続いていた加工事業があり、関係者が多かったため調整が難航したが、手順を踏んで検証し、関係者に説明をして、3年かけて事業を廃止した。これによって本体組織の経営は安定し、加えて、この事業にかかっていた事務職員の年間30人工程度の労力が削減できて、森林組合が本来やるべき森林整備事業の拡大につなげることができた。このように、当初は順調だった事業が時間の経過とともに不採算事業になることはよくあるので、一部の関係者からの反対があっても、思い切って廃止する

写真 2-4　各地で行われている森林教室。開催方法の工夫で効率的な実施が可能だ

ことも経営判断の1つとして重要である。

　また、法律や補助制度で定められた業務の中にも、効率化できるものはある。たとえば、市町村の業務に、森林法に基づいて5年に1回の頻度で策定する市町村森林整備計画がある。これは地域森林の方針や基準を示したもので市町村にとって重要な業務になるが、都道府県との協議や国からの意見聴取、公告縦覧など制度に定められた手続きが多く、計画案の作成から策定まで4か月以上の期間を要して、市町村担当者の負担は大きい。

　法律に沿って5年に1度の業務なので市町村の負担はそれほどないように見えるが、実際は、多くの市町村は毎年のようにこの一連の作業を行っている。なぜなら、上位計画である都道府県の地域森林計画が毎年のように変更され、これに合わせて計画変更の通知が都道府県から市町村に来るからである。多くの市町村はこの都道府県の通知に沿って、毎年のように市町村計画を変更している。

　この制度の内容を調べてみると、市町村計画の変更の種類には「義務的変更」と「自主的変更」の2種類があって、前者は必ず変更しなければいけないが、後者はそうではない。つまり、「自主的変更」の際は、市町村計画の内容に大きく影響しないと市町村が判断すれば変更しなくてもいいのである。

　ところが、都道府県によっては、この2種類の変更を区別せずに市町村計画の変更を「指導」してくることがあり、実際、私もそのような「指導」を何回も受けたことがある。しかし、ここは市町村業務の効率化の観点から、自主的変更の場合で変更の必要がないと判断できる場合は、市町村は都道府県に対して毅然とした対応を取るべきである。大半の市町村はこの判断をしておらず、毎年のように市町村計画の変更業務に多くの時間を割いている。都道府県の担当者とは、対等な立場で意見が言い合える関係を構築していくことが望まれる。

役割分担とアウトソーシング

　③職員間の分担の見直しと④アウトソーシングは、人に任せる仕組みを作るということである。まず③は、担当者だけで担っていた業務を、課内や関連する課の職員に分散させていく方法である。多くの職場では担当者の業務量は偏っており、特に、市町村の林務職員は業務量過多の傾向がある。これを解消するため、課内や関連する課の職員に業務の一部を担ってもらい、職員の業務量を平準化する。たとえば、市町村の林務担当業務では、シカ・クマなどの獣害出没対応が大きな負担になっているが、初動の現場確認は担当以外の職員でもできるため、輪番制にして課内の職員全員で担当するなどの方法である。

　④アウトソーシングは、林務業務の一部を外部に委託することである。たとえば定期的な会議運営や計画策定などの業務を、外部コンサルタントに委託している自治体は存在する。前述のシカ・クマ対応も委託に出すことは可

7——公告は市町村が掲示等の方法によって一般の人に知らせること、縦覧は書類等を一般の人が閲覧できることを指す。森林法では、市町村森林整備計画に幅広い意見を反映させる目的から、計画を策定する際に30日間の公告縦覧の期間を設けて意見を受け付けることを定めている。

能である。私は標津町時代に、野生鳥獣対応業務の一部を地域の NPO に委託する仕組みを作った（鈴木ら、2010 年）。

　以上のような多様な方法を駆使して、業務の効率化または負担軽減を図り、フォレスターは自分を身軽にしなければいけない。福岡博士の動的平衡論に戻れば、増大し続けるエントロピーを絶えず系外に捨て続けることで、フォレスターは新たな秩序を構築し、地域森林管理に貢献する。有限な資源である「時間」をいかに管理するか。これが、フォレスターが最初に取り組む重要な仕事なのである。

第3章　市町村林政の実際

1．市町村森林の多様性

　私はこれまで、100 を超える市町村のヒアリング調査や視察を行い、また、多くの市町村からの視察を受け入れてきた。そして、これら自治体との対話を通して痛感したのは、われわれは基礎自治体である市町村を「市町村」と一言で括っているが、その内容は実に多様であるということだった。

森林の状況は市町村ごとに様々
　このことは、統計データを調べてもすぐに分かる。たとえば 2020 年農林業センサス（農林水産省）に市区町村が持っている林野面積のデータがあり、これを集計すると表 3 − 1 になる。
　この表は、「林野なし」と林野面積「50,000ha 以上」を両端にして、各面積区分における市区町村数とその割合を示したものである。これを見ると、市区町村の林野面積は各区分に分散していることが分かる。
　最も割合の多い区分は「1,000 〜 5,000ha」で、「1,000ha 未満」の区分が次に多い。この 2 区分に「林野なし」の区分を合わせた、小規模林野面積の市区町村の割合は 49％になる。たとえば東京都武蔵野市や愛知県安城市には森林がなく、ここには森林管理や林業の問題は存在しない。
　他方で、20,000ha 以上の 3 つの区分を合わせると 22％になり、大規模な森林を持っている自治体も一定の割合を占めている。たとえば、市区町村のなかで最も大きい林野面積を持つ岐阜県高山市は、約 19 万 ha もの森林を有している。この数値は市区町村の中でも突出して大きいものであり、都道府県の森林面積ランキングに当てはめてみても茨城県を抜いて第 39 位に食い込み、まさに県レベルの面積規模である。

表3-1 林野面積規模別の市区町村数（n=1,896）

林野面積	林野なし	1,000ha未満	1,000～5,000ha	5,000～10,000ha	10,000～15,000ha	15,000～20,000ha	20,000～30,000ha	30,000～50,000ha	50,000ha以上
市区町村数	147	386	390	250	167	130	174	138	114
割合	8%	20%	21%	13%	9%	7%	9%	7%	6%

出典：2020年農林業センサス（農林水産省）を元に筆者作成

　要するに、市町村が持っている林野面積は県レベルからゼロまで極めて幅広く、かつバラつきが大きいというのが実態なのである。

　ところで、2017年の九州北部豪雨で大量の土砂と流木による被害が発生した際に、人工林の管理不足が被害を増大させたと報道された。戦後に植えられたスギ・ヒノキの人工林の管理が十分にされなかったため、立木の根張りが弱くなって土壌を支えられずに土砂崩壊や流木被害を誘発した、というのである。ここから、「だから日本では人工林の間伐が必要なんだ」という主張につながっていくのだが、これに関しても興味深いデータがある。表3－2をご覧いただきたい。

　これは、鹿児島大学が全国市町村を対象に2018年度に実施したアンケートの結果[9]（以下、2018年度市町村アンケート調査）で、人工林率（ここでは民有林の人工林の割合）の区分別に市町村数とその割合を示したものである。表3－2の左側へいくほど人工林の占める割合が低くなり（つまり天然林が多い）、右側へいくほど人工林の占める割合が高いということになる。

　この結果を見ると、ここでも、市町村の人工林率は各区分に分散しているのが分かる。人工林率が「40～50%」以下の4区分を合わせると、ちょうど50%になる。つまり人工林率が50%未満の市町村が全体の半分を占めている。

　人工林率の特に低い市町村（人工林率30%未満の2区分の合計）は17%あり、地理的にも北海道から沖縄まで各地に分散している。このような天然林が大半を占める自治体では、当たり前のことだが、「天然林」の管理や利用が地域の森林管理の主要課題となる。これらの市町村に対して、豪雨災害対策の必要性から人工林問題を熱く語ったところで、的外れもはなはだしく、

表 3-2　人工林率別の市町村数（n=582）

市町村の人工林率	20%未満	20～30%	30～40%	40～50%	50～60%	60～70%	70～80%	80%以上
市町村数	36	63	90	106	124	89	46	28
割合	6%	11%	15%	18%	21%	15%	8%	5%

出典：2018 年度市町村アンケート調査を元に筆者作成

ほとんど意味をなさない。

　一方で、人工林率が 70％以上の 2 区分を合わせると市町村の割合は 13％になり、人工林率の高い市町村も日本には一定割合は存在し、こうした自治体では人工林管理が市町村林政の主要課題となる。要するに、人工林率についても市町村は多様であり、森林の課題は各自治体の森林の状況によって異なるのである。

　市町村の森林の多様性を示す指標は他にもある。森林率、森林所有区分の面積割合（第 6 章 2 節を参照）、天然林の樹種構成、人工林の樹種構成、人工林の林齢構成、地質、地形、雨の降り方、貴重種、野生動物の種類、人口、主要産業など、挙げるときりがない。そして、全国の市町村で、これらの指標がすべて同一になる市町村は存在しない。このように市町村の森林、自然、社会の状況は多様であり、これらの指標の組み合わせが、市町村の個性を作り、市町村の魅力を高めているのである。

市町村内の各地区の森林の状況も様々

　市町村の森林の多様性は市町村間だけではなく、市町村内にも存在する。たとえば豊田市の森林は、豊田市駅やトヨタ自動車本社のある市街地から矢

8——林野面積とは、現況森林面積（民有林・国有林の面積等）に森林以外の草生地を加えた面積のこと。

9——この調査は、2018 年 4 月時点に存在した全国 1,704 市町村（政令指定都市除く）のうち、2017 年地方公共団体定員管理調査（総務省）で林業関係の職員が 1 名以上在籍する 1,043 市町村を対象に実施された。この結果を分析した成果として、鈴木春彦ら「市町村における森林行政の現状と今後の課題：全国市町村に対するアンケート調査から」、2020 年：51 ～ 61p がある。

作川を上流に遡っていくと、人工林率は順に28％（豊田地区）→36％（藤岡地区）→61％（足助地区）→69％（旭地区）→78％（稲武地区）と上昇する。源流に近い稲武地区に近づくほど人工林率は高くなり、一方で、天然林率は低くなっている。稲武地区は、江戸末期から明治にかけて地域振興の柱として林業に取り組んだ地区であり、周辺エリアもその影響を受けて植林が広がったことで、上流域は高い人工林率になっているのである。

　天然林の樹種も市町村内で変化する。標高が高くなるにつれて植物相が変わっていくことを森林の垂直分布と言うが、豊田市内でもこの垂直分布が観察できる。豊田市は、市駅周辺の標高約30ｍから稲武地区の面ノ木峠の約1,200ｍまでの標高差がある。標高が上っていくと気温は下がるので、それに合わせて、天然林の主要樹種はおおむねタブノキ、ツブラジイ、アラカシ、シラカシ・アベマキ・コナラ、ブナ・ミズナラへと変化する。つまり、低地帯の常緑広葉樹林（照葉樹林）から山地帯の落葉広葉樹林に森が大きく変化しているのである。

　このように同じ自治体の内部においても、森林の種類や樹種、集落の歴史等は同じではなく、地区によって異なっている。平成の大合併で複数の自治体が一緒になった市町村は特にこの傾向が強く、異なる特徴を持った地区が併存する中で一つの自治体が形成されている。

　日本の森林の特徴は、森林率66％、人工林率41％、私有林率58％などの数値で語られる。しかし、これらの数値は約1,700ある市町村の数値を寄せ集めて平均したものに過ぎず、各市町村の森林の状況を反映したものではない。誤解を恐れずに言えば、「日本の森林」＝「市町村の森林」ではないのである。フォレスターは、自分の担当する市町村がどのような特徴を持っているかを把握し、また、自治体内の各地区の特徴を押さえながら、森林管理に取り組んでいく必要があるだろう。

２．地域の林業関係者とフォレスターの役割

地域の林業関係者の顔ぶれ

　地域の森林管理を担っている関係者には、どのような人たちがいるのだろうか。実際のところ、関係者が入り組んでいてこれがなかなか分かりにくい。なぜなら、日本には様々な森林所有区分があり（第6章2節を参照）、さらに、森林・林業関係者には、森林経営の計画を作成する人、実際に作業を実施する人、資金を提供する人なども入ってくるからである。ここでは、主要な所有区分における林業関係者について、先行文献の整理（井上ら、2004年：154～155p）に沿って概観してみよう。

　私有林の山主（林家）の場合は、基本的に山主自身が所有林の経営計画を考え管理してきた。植栽作業や枝打ちなどの育林作業は、以前は山主自らが、現在は森林組合の作業班が実施することが多い。立木の伐採および搬出を担うのは、地元の素材生産業者および森林組合の作業班である。資金は補助金、木材販売の売り上げ、または山主の自己資金などから賄われている。さらに、私有林にはこのほかに会社有林や社寺林などもあり、それぞれ担当者がいて自ら作業員を雇っている場合は自社で施業し、そうでない場合は森林組合や民間林業事業体に委託して施業している。

　都道府県有林・市町村有林の場合、かつては入会林野として地域社会が共同で管理してきたが、現在では都道府県および市町村の予算を使用し、林務担当部署が管理している。国有林の場合は、林野庁およびその出先機関である森林管理局が計画を作成して管理の責任を負い、森林管理の費用は国家予算のなかの一般会計および特別会計から賄う。これら公有林・国有林で実際の作業をするのは、地元の森林組合や民間林業事業体の作業班である。

　近年、山主や地域住民が自ら伐採して森林を管理する自伐型林業の動きが各地に広がり、地域通貨やエネルギー利用等とセットの取り組みも出てきた。これらの動きは、森林組合や民間林業事業体への委託によって実施されている大規模林業に対する対抗運動という側面を持っており、地域振興や環境保全型林業などを目指した取り組みでもある。また、1990年代半ば以降からは、

都市生活者がボランティア活動で、私有林や市町村有林等をフィールドに、枝打ちや間伐などの林業活動に関わるようになっている。

　ところで、資金提供者という意味で林業関係者は幅広い。国有林管理や補助金の支出で国税が使われている場合は国民全体が、都道府県税が使われる場合は都道府県民が林業関係者になる。主要河川を軸とした上下流連携の仕組みのある地域では、下流域の住民が上流の森林整備の費用負担をしており、水道水源基金の仕組みのある自治体では、自治体内の上水道の利用世帯が費用負担して林業関係者になる。このようにいろいろな目的と徴収の区域で森林管理に多くの公費（税金等）が使われている現状では、日本においては、市町村民、都道府県民、国民まで幅広く林業関係者であると言えなくもない（当事者にその意識があるかどうかは置く）。

日本のフォレスターの役割とその特徴

　本書で主題としているフォレスターは、このような林業関係者のなかで地域森林管理をリードしていくことのできる人材である。プロローグでは、日本のフォレスターを市町村林務職員、都道府県林務職員、森林組合・民間林業事業体の森林施業プランナーとした。ここで、この３者がそれぞれどのような役割を地域で担っているのかを見ていきたい。図３-１は、森林・林業に関する３者の主な役割（業務）を整理したものである。

　まず市町村の林務職員は、市町村区域の民有林（私有林、市町村有林など）を管轄しており、民有林全体の管理方針を定めた森林マスタープラン（市町村森林整備計画、独自の自治体計画・条例など）を策定する重要な役割のほか、伐採コントロール（伐採届の審査や森林経営計画の認定）、市町村有林の管理、森林データ（林地台帳など）の整備、普及事業（植樹祭、森林教室）の実施などの役割を担っている。

　都道府県の林務職員は、広域行政として県内民有林を管轄しており、区域内の市町村や森林組合等を業務パートナーとして仕事をしている。区域内の市町村や森林組合を支援するほか、伐採コントロール（林地開発、保安林伐採許可など）、都道府県有林の管理、各補助金の調整や交付、森林データ（森林簿）の整備、普及事業（森林教室）などの役割を担っている。戦後の過程

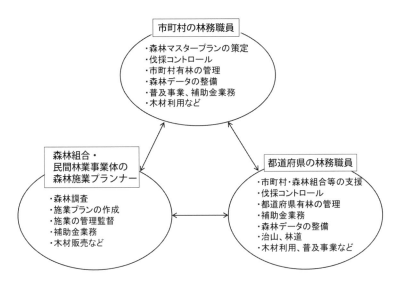

図 3-1　日本のフォレスター 3 者の役割

では、地域森林管理において都道府県が大きな役割を果たしてきたが、2000年代以降の都道府県の行政改革によって人員が大幅に削減され、かつてのような役割を果たせなくなっていると懸念されている（鈴木ら、2020 年：58p）。それでも、都道府県は大学などで専門教育を受けた人材を数多く抱えており、専門職員数はフォレスター 3 者の中でもダントツの規模を誇っている。今後の地域森林管理に、都道府県がどのように貢献できるかが問われている。

　森林組合・民間林業事業体は、民有林の施業の実行部隊としての役割を担っている。ここに所属する森林施業プランナーは、山主（林家）の所有林を調査し、施業プランを作成するほか、施業の監督や木材販売までを担当している。チェーンソー伐採などを担う林業ワーカーと緊密に連携して、施業プランに沿った作業を行う。価値の高い森の育成や施業の採算性の確保ができるかは森林施業プランナーの腕にかかっている。また、これらの組織は国有林の施業も行っており、林家所有林と合わせると全国の 3 分の 2 の森林面積を施業の対象にしている（第 6 章 2 節を参照）。つまり、森林施業プランナー

が手掛ける個々の施業の質が、日本の森の質を大きく左右していると言えるだろう。

　このように、日本のフォレスターの3者はそれぞれの役割を担っているが、ここで3者の関係性や近年の業務の特徴について見てみよう。まず第1に、フォレスターの役割が組織ごとに分けられているため、各主体の連携が不可欠な構造となっている点である。たとえば、地域の森林マスタープラン策定は市町村の役割ではあるものの、プランの施策を現場に展開するためには施業を担う森林組合・民間林業事業体との課題や方針の共有が不可欠である。都道府県職員の技術的アドバイスや人的サポートも必要になるだろう。

　また、伐採コントロールについても、同じ民有林であるにもかかわらず、森林の種類や規模によって申請の提出先が市町村と都道府県に分けられているため（第4章5節を参照）、地域全体の伐採のバランスをコントロールしようとすれば、市町村と都道府県が密接に連携を取って対応しなければならない。さらに、森林データの整備や木材利用・森林教室なども、それぞれが個々に行うのではなく、横の連携や事業の統合を図りながらの効果的かつ効率的な事業実施が求められる。

　第2に、3者の業務において、補助金関連業務のウエイトが年々大きくなっている点である。林業の採算性が悪化し補助金への依存度が高くなるなかで、補助金制度が複雑化し、関連する書類事務は膨大になってフォレスターの負担になっている。これが、フォレスターが現場確認などの基本作業を十分にできない一因にもなっており、補助金業務の省力化・効率化が日本の森林管理の大きな課題となっている。

　第3に、木材生産や木材利用に関する業務が増えている点である。戦後植林したスギ・ヒノキの人工林が50～60年生の林齢に到達して木材の利用期を迎え、各地で生産量を増加させる動きが広がっている。この変化は2000年前後を境にして起こっており、植林や保育作業を中心としていた地域の事業体系が、木材生産を中心とする事業体系に大きくシフトしていると言える。地域において、道づくりや高性能林業機械の導入など木材の生産体制を確立するとともに、木材の流通や加工の体制整備、木製品の利用促進までの幅広い業務がフォレスター業務として新たに加わってきている。

3．市町村林務体制の脆弱性

　市町村で森林・林業部門を担当する部署は、農林課や農林水産課の中に「林務係」「林政係」という名称で設置されることが多い。職員数の多い自治体では、稀に「森林課」「林業振興課」などの単独の課として設置されることもある。私が所属した標津町は「農林課林政担当」、豊田市は単独課で「森林課」という名称だった。では、これら市町村の林務体制の実際はどのようなものだろうか。

　市町村の林務体制は全体的に脆弱である。結論を先に言えば、このように評価されている。林政学にはアンケート調査に基づく市町村研究の蓄積があり、そこでは、職員数という「量」と職員の専門性という「質」の両面から、市町村の林務体制の脆弱性が指摘されている。

林務担当の職員数が少ない

　まず、職員数について、1990 年代から 2010 年代までに行われた主な研究を見てみよう（表 3 - 3 ）。

　これによると、市町村の林務担当の平均職員数は 2.3 ～ 2.9 名で、職員数区分で最も多いのは「1 名以上 2 名未満」である。平均職員数は 2018 年度調査が 2.9 名と最も高いが、この調査は林務職員が 1 名以上在籍すると想定した市町村を対象に行われたために数値が高くなったと考えられる。

　これらの結果を踏まえ林政研究者は、「市町村林業行政の体制は概して、現在なお、非常に貧弱なもの」（宇山、1994 年：38p）、「合併による森林・林業行政の変化は、『なし』とする市町村が大多数を占める」（石崎、2012 年：13p）、「市町村における林務行政の組織体制は十分とは言い難い状況にある」（柿澤ら、2011 年：2 p）、「市町村林務体制の脆弱性は、地方分権化がさらに進んだ 2018 年度時点でも大きく変化していない」（鈴木ら、2020 年：58p）と評価している。2000 年前後から、平成の市町村大合併や地方分権化など市町村を揺るがす大きな改革が国主導で行われてきたが、その中においても、市町村の林務体制は脆弱なままに推移してきたのである。

表3-3 林政研究における市町村アンケート調査結果

調査年度	対象市町村	回答市町村数	平均職員数	最も多い職員数区分（注）	文献
1993	北海道	171	2.6	—	宇山雄一（1994）
2009	全国	862	2.7	1名以上2名未満（30%）	石崎涼子（2012）
2010	北海道	173	2.3	—	柿澤宏昭ら（2011）
2018	全国	615	2.9	1名以上2名未満（31%）	鈴木春彦ら（2020）

注：（）は全体に占める割合
出典：各種資料より筆者作成

　近年の市町村の林務体制の状況を、2018年度市町村アンケート調査の結果から、もう少し詳しく見てみよう。表3-4の市町村の林務職員数では、「1名以上2名未満」が31%、「2名以上3名未満」が28%でこの2区分だけで全体の約6割を占め、「3名以上4名未満」を含めると実に75%を占めている。

　一方で、職員数5名以上の市町村は16%あり、一部ではあるが充実した体制の市町村も存在する。これは、平成の市町村合併の影響が大きいと指摘されており（石崎、2012年：4p）、たとえば豊田市は2005年に7自治体で合併し林務職員数20名の森林課を創設した。

　とは言うものの、全体的に見れば職員数1〜3名の市町村が多くを占めており、市町村の林務担当は今なお少人数体制と言うことができるだろう。

林務担当の専門性が不足

　次に、市町村の林務職員の専門性（質）について見てみよう。表3-5の林務職員の異動サイクルは、職員が林務担当になり次の課へ異動するまでの在籍年数を示したものだが、「3年」が55%で最も多く、「3年未満」を合わせると65%という結果である。つまり、全体の3分の2の市町村では、わずか3年以下で異動してしまうのである。これに関して、現場の林業関係者の次のような笑い話がある。

　新しく配属された市町村の林務職員は、まず「スギ・ヒノキって、どれですか？」から始まる。それを現場で教えて、ようやく人工林の樹種の判別ができるようになった頃に職員は異動。そして次の新しい職員が配属され、「ス

表 3-4　林務職員数別の市町村数（n=603）

	市町村数	
	数	割合
1〜2名	187	31%
2〜3名	168	28%
3〜4名	97	16%
4〜5名	54	9%
5〜8名	64	11%
8名〜	33	5%

（注）人数区分は「○名以上○名未満」の意
出典：2018 年度市町村アンケート調査を元
に筆者作成

表 3-5　林務職員の異動サイクル（n=566）

	市町村数	割合
3年未満	58	10%
3年	311	55%
4年	96	17%
5年	78	14%
6年以上	23	4%

出典：鈴木春彦ら「市町村における森林行
政の現状と今後の動向：全国市町村に対す
るアンケート調査から」、2020 年：53p

ギ・ヒノキって、どれですか？」から始まる。市町村の林務担当部署はその
繰り返し……。

　以上のように、多くの市町村では、林務を担当する部署は 1 〜 3 名の限ら
れた数の職員が、3 年以下の短期の異動で入れ替わる体制になっている。ス
ギ・ヒノキという人工林の基本樹種の判別にさえ苦労している職員も多い。
近年の地方分権化で数多くの業務が移譲され、期待の高まっている市町村森
林行政だが、このような脆弱な市町村の林務体制を前提として地域森林管理
の体制を議論しなければ、実行はうまくいかないであろう。

　なお、このような脆弱性の背景に市町村の人事制度がある。市町村行政の
人事は、一般事務職で採用した職員を、いろいろな部署で経験を積ませ、自
治体運営の「総合的な能力」を身に付けさせて昇進させるシステムで動いて
いる。1 つの部署に固定的に配置して、高い専門性を身に付けさせるシステ
ムではない。もちろん市町村でも、土木系や保健系などの専門採用を行う部
署もあるが、残念ながら現在まで、林務担当部署はそこまでの地位を自治体
内で確立できていない。2018 年度市町村アンケート調査では、林務担当職
員のうち林業職（専門職）として採用された職員は全体のわずか 8 ％しか
なかった。市町村林務職員の育成と、林務担当の体制整備が急務になってい
るのである。

4．市町村の林務担当業務

　問い「市町村の林務職員は、実際どのような業務を担当していますか？」

　答え「林務職員は年間を通して、森林に関するあらゆる業務を行っています。以上」

　これが市町村の林務職員の業務実態なのだが、この説明だけでは一般の人にイメージを持ってもらえないので、私が所属した標津町林務担当の業務を例に詳しく説明したい。

林務担当の年間スケジュール

　表3-6は、標津町の林務担当の主要業務を年間スケジュールにまとめたものである[10]。これを見ると、春の植栽から夏の下刈、そして秋・冬の間伐・択伐と、林務担当業務は1年を通して、町有林等の森林施業を中心に回っていることが分かる。北海道の多くの市町村有林では、カラマツ・アカエゾマツ等を植林し、その後5〜10年生まで植林木周辺の草を刈る下刈を行う。15年生になった頃から、成長した木を間引きし残った植林木の成長を促す間伐を行い、複層林に誘導する場合は、下層木の成長を促すために上層木を伐採する択伐を行っている。

　各施業の実施時期はおおむね決まっているので（たとえば春の植栽は、標津町では雪解けから苗木の細根が成長を始める前の5月〜6月上旬までに行う必要があった）、林務職員は現地確認を行いつつ、必要があれば森林施業計画（現在は森林経営計画）の認定や保安林伐採の手続きをする。そして施業内容の詳細を決めて事業費を積算し、作業を行う森林組合等に事業を発注する。作業中は問い合わせやトラブル等に対応し、森林組合等の作業が終わったら、現地検査を実施し、合格なら事業費を支払う。

　これで一段落、と思いきや、ここからの作業が結構大変で、造林補助金を受領するために補助金申請書を作成し、現地の作業前・後の写真を整理し図面などを作成した上で、北海道庁に提出する。そして北海道から書類検査、現地検査を受け、合格すれば補助金を受領することができる。このような一

表3-6　標津町林務担当の年間スケジュール（2010年度）

	業務名
春	植栽事業
	植樹祭
	ヒグマ・シカ出没対応（〜冬）
夏	下刈事業
	子ども森林教室開催（2回）
秋	間伐・択伐事業（〜冬）
	野ネズミ駆除の薬剤散布事業
冬	次年度予算編成
	予算協議、議会対応
	各種会議

出典：鈴木春彦「市町村フォレスターの挑戦」、2019年：181pの
表を一部改変

　連の作業を施業ごとに行うのである。

　標津町では、これら森林施業業務の合間に、植樹祭や森林教室などのイベント・普及業務、伐採届出の処理、調査物への対応、予算編成等の業務を行っていた。現在では、2019年から制度の運用が始まった、森林の土地所有者の情報等に関する林地台帳の整備や、森林所有者に代わって市町村が仲介役になって森林を管理する森林経営管理制度関連の業務などが加わっている。

　ここで、林務担当業務のうち、労力を要する上位3つを尋ねたアンケート調査結果を見てみよう。表3-7は、2010年度に北海道の市町村を対象に実施したアンケート調査の結果である（柿澤ら、2011年：3p）。

　この結果を見ると、市町村が労力を要するものとして、「市町村有林の管理・整備」が約8割で最も多く、続いて「野生動物管理や自然保護業務」が46％、造林補助金交付関連業務や整備計画策定業務がこれに続いている。前

　10――この表は、鈴木春彦「市町村フォレスターの挑戦」、2019年：181pの表から
　　町の業務だけを抜き出して作成したもの。

写真3-1　苗木の植え付け

述の標津町の事例で、市町村の林務業務は市町村有林等の森林施業関連業務
を中心に回っていたが、表3-7の1、3、5がこれに関連する業務であり、
前述の指摘を裏付けるものになっている（ただし、市町村有林がない、また
は面積の小さい市町村も一部にはあるので、その自治体では他の業務の比重
が大きくなる）。

　なお、2000年前後以降からはじまる地方分権化で、森林・林業分野では
多くの業務が市町村に移譲されており、表3-7では4～6の業務がこれに
該当する。これらは、それ以前には市町村業務ではなかったものであり、現
在の市町村林務担当の大きな負担になっている。

表3-7　林務担当業務のうち労力を要する上位3業務

		上位3業務とした市町村数（a）	割合（＝a/169）
1	市町村有林の管理・整備	133	79%
2	野生動物管理や自然保護業務	78	46%
3	造林補助金交付関連事務	66	39%
4	市町村森林整備計画策定	65	38%
5	森林施業計画認定・実行管理	52	31%
6	伐採届出処理	34	20%

注：市町村数169
出典：柿澤宏昭ら「市町村森林行政の現状と課題：北海道の市町村に対するアンケート調査結果による」、2011年3pの表を一部改変

兼務問題いろいろ

　表3-7で第2位の「野生動物管理や自然保護業務」に関連して、市町村の林務業務の大きな特徴の1つである兼務問題についても触れておきたい。一般的にはあまり知られていないが、市町村の林務職員は、森林・林業以外の業務を兼務していることが多い。2018年度市町村アンケート調査では、76%の市町村（全体の3分の4！）が他業務を兼務していると答え、その内容は「農業」52%、「有害鳥獣対策、自然保護」37%、「漁業」9%、「商業・観光」5%だった（表3-8）。農業と有害鳥獣対策等が2大兼務業務になっているが、表3-8の業務以外でも地籍調査や町道管理、公有財産管理のほか、競馬場管理、小水力発電管理、お墓の埋葬許可などまでいろいろな業務を林務担当が担っている市町村が存在した。

　また、兼務する業務が複数ある市町村も存在し、2018年度市町村アンケート調査では2つ以上の他業務を抱えている市町村は約3割にのぼった。私も、標津町時代には有害鳥獣対策（野生動物管理）と森林組合業務の2つを兼務していた。このように、林務業務のほかに多様な複数の業務を担っている市町村の林務職員の現状は、「林務」担当と呼ぶよりも「いろいろ」担当と呼んだ方が実態に即していると言える。

表 3-8　林務職員が兼務する上位 4 業務

兼務する業務名	市町村数 (a)	割合 (＝ a/462)
農業	238	52%
有害鳥獣対策、自然保護	169	37%
漁業	40	9%
商業・観光	24	5%

注：兼務有の市町村数 462
出典：2018 年度市町村アンケート調査を元に筆者作成

　さらに、ここで重要なのが、兼務業務のうち「農業」「漁業」「商業・観光」などは地域の主要産業に関わる業務であるという点である。つまり、林業が主要産業になる市町村がほとんどない現状から言うと、「農業」「漁業」等がメインで、林務業務はサブという位置づけの市町村があってもおかしくない。いや、むしろその可能性が高い。たとえば、自治体の組織上は農業の担当部署に位置づけられ、農業担当者が林務業務も担っているという状態である。そこでは、職員は農業などの主要業務に時間とエネルギーの大半を割き、林務業務はそのすきま時間にこなすということになる。
「林務担当」と言うと、国や都道府県のように部署・人員が整備されているイメージを持たれやすいが、小規模の市町村では限られた人数で他業務を兼務しながら何とか仕事をこなしているのが実態である。さて、このような状況の市町村において、市町村フォレスターに活躍の余地はあるのだろうか。本書を通して、読者と一緒に考えていきたい。

第4章　市町村フォレスターの政策方針の設定

1．地域森林の課題の見つけ方

あるくみるきく

「地域森林の課題は、どうやって見つけて設定すればいいのでしょうか？」

　このような相談を市町村の林務職員から受けたことがある。地域の自然や社会状況に応じた森林方針を設定したいのだが、その元になる地域森林の課題が分からないというのである。

　それから、多くの自治体と関わりを持つようになり、同じような悩みを抱えている市町村は実に多いことが分かった。これが分からないから、市町村の森林政策の方針はどこも同じようになって、実際の施策も従来からの延長で、森林整備や木材生産（＋普及イベント）に限定されたものになっているのであろう。

　これまでの林政研究では、市町村の森林方針を定める市町村森林整備計画の内容が、都道府県が示したひな型通りで、独自性を打ち出そうとする市町村はほとんどないことが指摘されている（鈴木ら、2000年）。やはり、どこも地域森林の課題が分からずに悩んでいるようだ。したがって、地域森林の課題の見つけ方は、これからの地域森林管理において切実な問題である。

　フォレスターが課題を見つけるために重要なことの第1は、地域森林の状況を十分に把握することである。現場の森林状況を知らずして、課題が見えてくるはずがない。第2章で述べたように、事務所での定型的な事務作業はできるだけ効率化し、現場に出る時間を少しでも多く確保することである。林内を幾度も歩き、現場感覚を確かなものにした上で、地域森林の課題を考えることが最初のステップだ。[11]

第2は、地域の山主や林業関係者、地域住民から話を聞くことである。第2章2節「雑談は地域情報の宝庫」のように、山主らと接する機会を利用して、所有林のこと、地域の森林管理のこと、地域の人間関係のことなどを聞き出し、地域森林や地域社会の構造などについて把握することである。

　第3は、地域の歴史を調べることである。現在の森の姿は、地域住民と森との関わりの積み重ねによって形成されている。その関わりの経過がどのようなものであったのか、先人たちはどのような想いで森と関わってきたのかを知ることが重要である。そのためには、第2のように山主等から話を聞くことのほか、市町村史、地区史、産業史、地域住民の手記などを読んで、地域の歴史や森林史を頭に入れておく必要がある。

　第4に、全国や海外の先進事例から学ぶことである。各地の先進事例の取り組みには、多くの学ぶべき点がある。先進事例をそのまま真似るのではなく、自分の地域との条件の違いを踏まえて、先進事例の方針や方法を参考にすることが重要である。

　以上のような作業を繰り返して、自分なりの現状把握と課題認識を深めていくのである。日本の民俗学者である宮本常一氏が、地域の把握のために実践してきた「あるくみるきく」の一連の作業。これを地道に続けていくしかない。ネット検索で引っかかってきた情報や既存の資料を見ただけで、すなわち机の上の作業だけで地域課題を発見しようとしても、それはうまくはいかない。近道はないということを、フォレスターは肝に銘じるべきだろう。

　焦りは禁物である。上記の作業を始めたばかりの頃は、地域森林の状況把握がまだ断片的であり、「地域課題はこれだ！」と分かった気がしても、それは全体から見ると大きな課題ではないことが多い。地域森林の全体像が明確になってきた頃になってようやく、地域森林に関する課題群、そして、その中における各課題の優先順位が見えてくる。そのレベルに至るまで、上記の作業をひたすら繰り返すことが必要である。

焦点を合わせる

　アイデアを無意識の領域に温めておくことも重要だ。お茶の水女子大学名誉教授（英文学）で名著『思考の整理学』を書いた外山滋比古氏は、アイデ

アを生む秘訣は、素材を集めた後で「寝させる」ことだと指摘している。「一晩寝て考える」という成句があるように、ずっと考え続けるのはよくなく、しばらくそっとしておくと、考えが凝固する。大きな問題なら長い間、寝かせておく。素材を十分に寝かせると、結晶になってくる、というのである（外山、1986年：36〜41p）。地域森林の課題発見にも同様のプロセスが必要で、時間をかけて「寝させる」ことで地域課題が明確になってくるのである。

　これで終わりではない。自分なりの課題認識を固めた後に、私はさらに、もう１工程を加えることにしている。それは、地域の専門家と議論することだ。どの地域にも、山主や森林組合、地域住民らの中に、地域に長く関わって、地域の森林・林業や地域社会に精通した「地域の専門家」と呼べるような人材が存在する。そのような人材は、地域について明確な知見を持っているので、その人に会って、自分が見つけ出した森林の課題をぶつけてみるのである。[12]

　地域の専門家の反応は、最初のうちはけんもほろろである。一笑に付され、門前払い。まだ、課題認識の焦点が合っていないのである。しかし、諦めない。ふたたび、あるくみるきく。そして、アイデアを見つけ出す。その人にぶつける。また、否定される。諦めない。ふたたび、あるくみるきく、この繰り返し……。

　こうした作業を続けているうちに、門前払いだったのが、次第に、地域の専門家との間で議論が成立するようになる。その頃には、アイデアの根拠になるデータは充実しており、論理構成も明確になっている。

　そして、いよいよ、その人からアイデアを否定されない瞬間がやってくる。「それは重要な地域課題だね」と賛同を得ることもある。課題認識の焦点が

11——航空写真や第１章で述べた大判地図などを利用して現場を歩くと、地域全体の森林の状況を把握しやすい。また、CS立体図や赤色立体地図は標高データから地形を視覚的に表現した地図であり、その元データとなる標高データの精度が高ければ現場の地形が分かって参考になる。

12——本章３、４節でみるように、多様な視点からの政策方針を設定するためには、「地域の専門家」は森林・林業分野の関係者に限らない方がよい。地域の実情に応じて、農業や漁業などの主要産業や教育、野生動物などの分野に精通した人材も対象にして議論していくのである。

ピッタリと合って、地域森林の課題として公式に提案できるレベルに至ったのである。

　なお、ここで留意すべきことは、地域の専門家からの「賛同」が必ずしも必要ではないことである。地域の専門家は、森林・林業の各分野について好き・嫌い、得意・不得意が分かれていることも多い。たとえば、木材生産に熱心に取り組む人が、生物多様性の保全にはほとんど関心がないなどで、その逆パターンもある。その人の好みではない分野のアイデアの場合、感情面も含めて賛同を得ることはなかなか難しい。

　それでも、一定レベル以上の説得力と合理性を持ってさえいれば、少なくともアイデアを否定されることはない。この「否定されない」という反応が重要で、その人の反応を観察し、この局面に至ったと判断できれば、森林の課題として公式に提案する準備を始める。地域の専門家の好みや得意・不得意を超えた幅広い視点から、地域の森林課題は設定される必要があるだろう。

2．市町村政策の前提条件

研修会での違和感

　以前、参加した森林・林業に関する研修会で、その内容に違和感を覚える
ものがあった。それは、市町村森林行政を支援する人材を育成することを目
的に、国や都道府県の林務職員を主な対象として開催された研修会での出来
事だった。グループワーク中心の研修会で、研修生は班ごとに分かれ、与え
られたテーマに対して現地調査やグループ検討を行って班の方針をまとめ、
班ごとに発表するという流れだった。

　その日のテーマは、研修地エリアに所在する人工林団地を対象に、木材生
産と路網整備の10年計画を立てよ、というもの。各班は市町村の林務職員
の立場で10年計画を作成し、班発表では市町村長に扮した講師に対して計
画を提案する、という構成だった。対象団地の条件が限られていたため、計
画内容はどの班も同じようなものになり、市町村が数千万円以上の負担をし
て基幹道等を整備した後に、順番に間伐による木材生産を行うという内容
だった。これによって森林所有者に利益が還元できる、道路開設や間伐の仕
事が生まれて地域経済が潤う、と各班は提案のメリットを強調した。発表後
は、市町村長（講師）がいくつかの質問をしつつ、

「君の企画はなかなか良い、採用する」

　と言って発表を締めた。

　この研修内容について他の研修生からは疑問の声は出なかったが、私はこ
の内容に強い違和感を覚えた。研修生の中で、市町村職員が私だけだったか
らかもしれない。最も大きな問題は、市町村長への企画提案の場面で、林業
だけに焦点を当ててそれで良し、とした研修の内容だった。

市町村政策の留意点

　多くの市町村で、森林・林業の新たな企画を立案する上で留意しなければ
いけないことの第1は、市町村財政は一般的に厳しく、費用負担の大きい企
画はそもそもハードルが高いということである。とりわけ、森林が多く所在

する山間地域の市町村は組織の規模が小さく、財政状況の厳しい自治体がほとんどで、予算100万円台の新企画を通すことにも四苦八苦しているのが実態だろう。

　第2に、地域の産業の中で林業がマイナーな存在であるということである。第6章1節「苦境に立つ日本林業」で見るように、日本の木材価格はピーク時の2割程度まで低下し、木材生産の産出額は1980年には日本全体で1兆円近くはあったが、2020年は2,464億円とその25％まで低下している。ちなみに、2020年の農業総産出額は約9兆円で、林業はその3％にも満たない。多くの市町村では、地域の主要産業は農業や建設業、製造業などであり、残念なことに、林業はそれらに大きく遅れをとったマイナーな存在なのである。

　こうした地域の経済構造を反映して、市町村行政における森林・林業の重要度は一般的には低く、それは予算規模や職員配置にも反映されている。市町村森林行政の脆弱性である。

　第3に、市町村の施策選択や予算規模は、地域の経済構造や関係者の規模等によって決まる傾向があることである。市町村行政では、自治体の施策の中で優先順位の高いものを、「重点施策」として長期計画や予算発表時に前面に打ち出すことが一般的に行われているが、これには、地域の主要産業や地区内で規模の大きな分野に関する施策が設定されることが多い[13]。これらの産業・分野は地区内に関係者が多く、対策を求める声や政治力などが大きいからである。重点施策には、その言葉どおり重点的に予算措置や人員の配置がされる。このように、市町村では地域の産業・分野間のバランスによって施策選択や予算規模等が決められている面があり、地域の主要産業や規模の大きな分野に関する新企画が採用されやすい傾向がある。

　以上のような点を踏まえて冒頭の研修の話に戻ると、林業だけに焦点を当てて、数千万円以上の市町村の費用負担を必要とする新規企画を通すことは並大抵のことではないと言えよう。市町村の林業分野の施策提案には、厳しい財政状況、地域における林業の位置づけの低さ、他産業等とのバランスを十分に踏まえた検討が必要なのである。北海道厚真町の林業専門職員の宮久史氏は、市町村で施策を作る際の留意点として、「林業に特化して特殊な扱いを受けているような見え方にはしないということです。ほかの産業にも目

配せしながら林業にも目配せするというバランスは大事にするようにしています」と指摘し、他産業とのバランスに留意することの重要性を強調している（『林業経済』Vol.72（5）、2019年：28p）。

国・都道府県との違い

　この研修に対する違和感の背景には、国・都道府県と、市町村の森林行政の前提条件に違いがあることが挙げられる。国や都道府県は広域行政組織で規模が大きく、専門部署が設置され、専門職員が集められ、縦割りの中で仕事が進められている。そこでは、林業の内容や必要性についての大きな共通理解があり、林業ありきで、林業に特化した施策を作っているという組織上の特徴がある。林業だけに焦点を当てた施策を作っても、それが通る世界だとも言える。冒頭の研修も国主導で行われたものであり、国の施策形成モデルを参照して研修内容を作ったのではないか、というのが私の見立てである。

　しかし、同じ行政でも、市町村は住民に最も身近な基礎自治体であり、相対的に小規模な組織で、戸籍住民登録、税、産業、まちづくり、建設、上下水道、教育、消防、ごみ処理など、多様な分野に関する行政サービスを担っている。そこでは、森林・林業分野は優先順位が必ずしも高くなく、むしろマイナーな存在として位置づけられている。林業だけに焦点を当てた企画を通すのは簡単なことではない。

　ゆえに、市町村の林務職員は、職場や地域内において森林・林業に対する理解を深め、その地位を高めていくところから始めなければならない。結果、市町村の森林施策は段階的に取り組まざるを得ないとともに、他産業とのバランスや住民ニーズとの兼ね合いの中で作っていくことになる。市町村の森林政策を議論するときは、このような市町村政策の前提条件を踏まえることが必須になるだろう。

13──この他に、地域の特定課題や市町村長や地域リーダーが重視する課題なども重点施策として設定される。

3．多様な視点から政策方針を設定する

　多様性こそが、市町村の森林政策の方針設定の決め手になる。本節ではこのことについて述べてみたいと思う。しかし、自治体の政策方針における多様性とは、一体何を意味しているのだろうか。標津町の森林政策方針の事例を用いて、順を追って説明したい。

5つの森づくり方針

　標津町は、地域のニーズや環境変化に対応するため、2010年度に独自計画である「標津町森林マスタープラン」を策定した。この政策方針の概念図は図4-1のとおりだが、これは「地域を取り巻く状況」→「地域森林に求められる姿」→「方針」の順に各項目を整理している。まず取り巻く状況として、国内・国際的な課題と地域の課題（地元の声）を挙げ、たとえば地域の課題には、漁業と酪農業が盛んな標津町の地域性を背景として河畔林や防風林の整備の要請があることや、森林所有者である山主の多くは木材生産で利益を確保したいことがあった。また、その他の住民ニーズには自然散策ができる場の整備や、適切な野生動物管理の要望があった。

　これらの課題を踏まえた上で、標津町の森林に求められる姿を「環境林としての森林」「財産としての森林」「ふれあいの場としての森林」「生物多様性の場としての森林」とし、これを具現化するために「保全の森」「生産の森」「ふれあいの森」「野生動物の森」「研究の森」からなる5つの方針を示した。

　保全の森は、漁業や酪農業を守るために河畔林や耕地防風林の整備と保護を推進していく森である。河畔林には魚類の生息域保全や水質浄化を期待し、また耕地防風林には防風・防霧機能の発揮を期待して、それぞれの森に対して皆伐規制や新規植林などを積極的に進めていくとした。たとえば、河畔林の皆伐規制は、漁業環境等の保全を目的として、河川沿いの林帯（河畔林）を20〜30m以上の幅で残すルールを設定した。[14]河畔林を保護する発想はこれまでの日本の森林管理にはほとんどなかったが、地域の河畔林への期待の

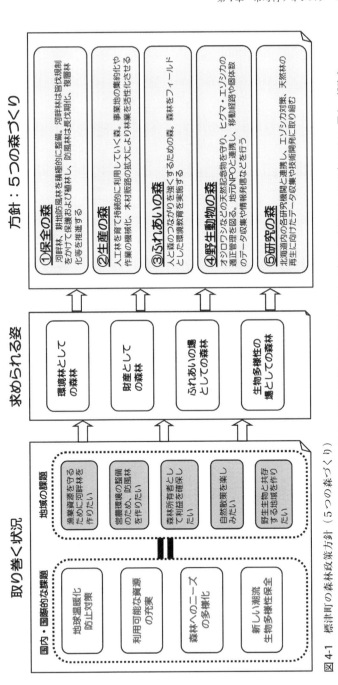

図4-1　標津町の森林政策方針（5つの森づくり）
出典：鈴木春彦「市町村における森林マスタープラン策定の実践と課題：標津町森林マスタープランを事例に」、2012 年：14p の図を一部改変

写真 4-1　河川沿いの河畔林。河川生態系や水質浄化に大きな役割を果たしている

高さを踏まえて皆伐規制に踏み込んだのである。

　生産の森は、人工林を財産として育て、持続的に利用していく森である。事業地の集約化や作業の機械化、木材販路の拡大などで事業の採算性の確保に取り組む。また、町内のカラマツやトドマツの材積量（幹の体積の量）や林齢を把握し、これに基づいて長期の施業計画を策定して、計画的に森林整備と木材生産を進めていくとした。年間事業量の目安は、植栽 20 〜 25ha、択伐・間伐 90 〜 150ha、作業道開設 1,000 m 程度である。施業地の集約化を図ることを目的に、町内を 3 団地に分け、年 1 団地ずつ順番に択伐・間伐を実施していく回帰式で計画した。

　ふれあいの森は、人と森とのつながりを強くするための森である。市街地に隣接する森林公園の散策路の整備や、幼稚園児や中学生を対象とした森林教室を開催していくとした。この森は、維持管理に必要な場合を除いて樹木伐採は行わず、天然更新で森林を維持していく森である。

　野生動物の森は、オジロワシやタンチョウなどの天然記念物を守り、ヒグマとエゾシカの適正管理を図ることを目的とした森である。野生生物の営巣地や移動経路に関する情報を収集し、繁殖期には施業を行わないなどを配慮した。ヒグマとエゾシカは地域社会との共存を目指して、地域内の個体数や問題個体などのデータを収集し、情報発信による注意喚起や必要に応じた駆除などの対策を講じていくとした。

　研究の森は、上記の4方針の森づくりをするために、様々な角度から試験研究を行い、各種データを収集していくための森である。天然林の再生等の施業技術、森林機能、野生動物対策については未だ解明されていない面が多いことから、連携協定を結んだ北海道大学農学部・大学院農学院・大学院農学研究院や、北海道立総合研究機構林業試験場などと連携を取りながら、必要なデータ収集や技術開発に取り組むとした。

　以上のように、地域の森を「保全」「生産」「ふれあい」「野生動物」「研究」という5つの視点から位置づけたのが標津町の森林政策方針の特徴である。政策方針を概念図（図4−1）としてまとめたことで、5つの森づくりは「取り巻く状況」内の、グローバルからローカルまでの各課題に対応するものとなった。[15]

政策方針の総合力

　ここで、標津町の事例から、森林政策の方針設定において重要となる点を整理してみよう。まず第1は、地域森林の目的を多様な視点から設定することである。標津町の5つの森づくりは、保全の森は漁業者や農業者の視点、生産の森は山主・林業関係者の視点、ふれあいの森は子どもや教育関係者、公園を利用する住民の視点、野生動物の森は野生動物に関心を持つ人の視点、研究の森は研究に関心を持つ人の視点から地域森林の目的を設定していた。

14──標津町の独自の河畔林伐採規制の取り組みは、鈴木春彦「市町村フォレスターの挑戦」、2019年：182〜193pを参照のこと。

15──標津町の5つの森づくり方針の詳細は、鈴木春彦「市町村における森林マスタープラン策定の実践と課題：標津町森林マスタープランを事例に」、2012年：13〜16pを参照のこと。

森林と言えば山主・林業関係者の視点がクローズアップされがちだが、ここでは、地域産業、教育、公園利用、野生動物保護・管理、研究などの視点を取り入れているのである。これによって、それぞれの視点の関係者やファンが関心を持つことのできる、または関わることのできる懐の深い政策方針にすることに成功した。

第2に、地域の自然条件や社会条件を踏まえた方針を設定することである。たとえば、農業上で風害・霧害の発生しない地域において耕地防風林の整備方針を設定しても意味がないし、住民ニーズのないテーマを掲げても施策を展開していくことは難しい。地域の自然環境や地域の産業構造、土地利用の状況、住民ニーズなどを踏まえた政策方針の設定が必要である。

第3に、各方針に沿った「施策」を充実させることである。方針設定をしても、具体策がなければ何も進まない。各方針を実現させるために、第5章で見るような地域における施策体制を構築し、質の高い個別施策を作っていくことが重要になる。

以上のように、地域森林の政策方針のポイントは、多様な視点から方針を設定し、多くの人に関心を持ってもらうこと、多くの人にファンになってもらうことだ。森林は水源かん養機能、土砂災害防止機能、地球温暖化防止機能、レクリエーション機能をはじめ多様な機能を持っており、これらのことを森林の多面的機能、公益的機能と呼んでいる。森林はこのような多様な引き出しを元来持っているのであり、こうした懐の深さが森林の最大の特色でもある。フォレスターは、地域森林の特色を最大限引き出すべく、多様な視点から地域森林の目的を設定していく必要があるだろう。

4．地域の主要産業と森を結びつける

　前節までに見てきたように、市町村の森林政策・施策の方針設定は、森林・林業だけに留まらない多様な視点を持つことが重要である。そして、市町村の施策選択や予算規模が、地域の主要産業や規模の大きな政策分野を中心に形成されているのであれば、地域の主要産業等と地域森林を結びつけていくことが重要な視点の一つになる。この点について、標津町の事例から見てみよう。

農業と森との接点

　本章3節で取り上げた標津町の森林政策方針は、「保全の森」「生産の森」「ふれあいの森」「野生動物の森」「研究の森」と5つの方針から成っていたが（図4−1）、この中で中心的な方針として位置づけられているのは「保全の森」だった。これは、標津町の主要産業である農業と漁業に関わるものであり、多くの農業者、漁業者らが参画して施策が展開されているからである。

　標津町の農業は、乳牛を飼育して生乳を生産する酪農業を主としており、経営規模の拡大を目指して飼育頭数を増やし、それに伴い牛のエサ（牧草等）の確保のために草地面積の拡大を図ってきた。ここで課題の一つになったのが牧草の収量確保であり、標津町は、根室海峡からの強い風や霧の発生によって牧草の生育不良に悩まされてきた。保全の森は、この酪農経営上の課題を解決するために地域森林を活用したものであり、防風林、防霧林という機能に注目したものだった。

　農地に隣接する耕地防風林は、林帯が風や霧を遮ることで減風や霧の捕捉の効果が発揮される。図4−2は、これまでの研究成果をもとに、海側からの風速を100とした場合の防風林通過後の風速を比率で示したものである。

　これを見ると、防風林の通過直後では風速は30まで減風し、防風林から風下200mの場所になると60、400mでは90になっている。つまり防風林による減風効果は、防風林の通過直後に最も大きく発揮され風速は30％ま

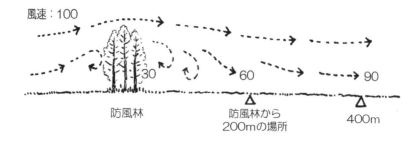

風速：100

30 60 90

防風林　　　　防風林から　　　400m
　　　　　　　200mの場所

図 4-2　耕地防風林の機能の模式図（イラスト：陣内雄氏）
出典：樫山徳治「内陸防風林」、1967 年：24p を元に作成

で低減するほか、防風林からの風下距離が長くなると減風効果は下がっていくものの、その効果は風下 300 〜 400 m 程度の距離まで及ぶのである。

　この防風林の働きがよく分かるのが、吹雪の中で車を運転した時だ。荒れた冬の日は、強風が道路や農地に積もった雪を巻き上げて渦を巻き、目の前が真っ白になる「ホワイト・アウト」状態になることがある。わずか数m先の視界がきかなくなって恐怖を覚えるが、防風林地帯に差し掛かると景色が一変。これまでの吹雪が嘘のように収まり、視界がひらけてホッと安堵する。雪国で生活をしたことがある人は、このような経験を一度はしたことがあるのではないか。

　牧草の生育は、地表の温度や乾燥度合いに影響を受けるが、このような防風林の減風効果によって地表が保温・保湿され、牧草収量は 25％以上も増加するという研究データが示されている。また、防風・防霧林があることで、霧の水滴が木々の枝葉に付着し、内陸側の霧の発生量を抑える働きがあるとされている。

耕地防風林の整備

　標津町をはじめ中標津町・別海町・標茶町の一帯には、100 間（180 m）の幅の大規模な防風林が約 3 km 間隔で網目状に広がり、宇宙のスペースシャトルからはっきり見えたことから有名になり、「格子状防風林」として

北海道遺産に認定されている。

　これは、明治期に北海道開拓使長官のお雇い外国人だったホーレス・ケプロンがこの規格での区画法を提唱して、これに沿った農地開拓が行われたからで、地域の人たちにとって防風林は身近な存在である。明治期には防風林のことを「風防林」と呼んでいたことから、今でも「風防林」と言っている年配者もいる。

　このような状況において、現在所有する農地の形や配置に応じて防風林を新たに整備し、草地の環境保全を図りたいという意向を持った農家は多く、これを受けて標津町は防風・防霧林の整備支援に乗り出した。国の補助事業を活用して、市が事業主体になって耕地防風林を整備する事業を開始したのである。その結果、施策開始の1994年以降に、町の農家戸数の半数を超える100戸以上の農家が参加し、累計面積で100ha以上（箇所数は200箇所以上）の規模で耕地防風林を植林するという実績につながった。

　この植林面積100haという数字は、植林が盛んな北海道では小さな数字に見えるかもしれないが、これは通常行われている林地の再造林の面積ではなく、農地への新規の植林が大半を占めているという点で注目に値する。規模拡大を目指す農家が自らの農地の一部を削ってでも、防風・防霧林に意義を見出して植林に踏み切ったことを考えると、この植林面積は他に類を見ないような驚くべき数値だと見るべきであろう。さらに、耕地防風林の整備をきっかけに森林への関心を深めた農家が、奥山に所有する森林の整備に乗り出す事例も出てきている。

　また、「保全の森」のもう一つの柱である河畔林の整備・保護についても、漁業振興のためサケ・マス等の河川生息環境を保全することを主目的とした森林政策であり、多くの漁業者の協力を得て施策が展開されてきている（本章6節の取り組みはこの方針の関連事業である）。

　以上のように、標津町の「保全の森」の方針は、地域の主要産業である農業・漁業と地域森林を結びつけたものであり、地域の「主要産業の振興」を主目的にした森林政策方針である。すなわち、耕地防風林は酪農業の草地環境保全、河畔林は漁業の河川環境保全として地域森林の役割を位置づけ、市町村の森林政策方針の中心に据えたのである。

写真 4-2　耕地防風林の植林地

地域森林に対する関心を高める

　ここで重要な点は、同じ森林整備という行為でも、地域の主要産業との関
連づけによって町民側からの見え方が変わるということである。たとえば、
標津町の事業で植林されたカラマツやアカエゾマツは、将来成長した際に間
伐や択伐などで収益が得られるため、この林業面を主目的として政策方針に
設定することはできる。実際、戦後の日本の森林管理は林業の経済性を重視
して整備が進められてきたため、現在でも、林業を主目的に政策方針を設定
している自治体は多い。しかし、ほとんどの地域で林業はマイナーな産業に
なっており、林業に関する地域の関心も低下していることから、この方針設
定では、地域での施策の広がりは限定的になる。

　だからこそ、地域の主要産業を主目的に、林業は付随的な目的という関係
性にして市町村の森林政策を組み立てることが重要なのである。標津町の耕
地防風林の事例のように、地域内で関心の高い主要産業が前面に出てくれば、

施策に対する町民の見方は変わってくる。これによって、地域に多くいる主要産業の関係者（町民）の参加や協力が得られ、施策を実行する上で大きな推進力となるのだ。

　地域の森林政策の成否は、相対的に低くなってしまった森林・林業分野の地位を、地域内において、どうやって引き上げ、高めて、この分野の重要性を広く認識してもらうかという点にかかっている。森林政策方針の目的設定の仕方はこのための大きなポイントであり、フォレスターは地域の主要産業と関連づけて森林の地位を高めていく必要があるだろう。

　その他にも、地域森林の目的の設定を工夫して、森林・林業分野の地位を高めている事例は各地にある。たとえば、岐阜県郡上市と愛知県豊田市は、過去の山地災害等の経験から森林管理の目的を災害防止に設定して、地域内での関心を高めている。北海道中川町と岐阜県飛騨市は地域振興を目的にして、広葉樹材の利用に取り組んでいる。また、鳥取県日南町は林業人材の育成を、北海道厚真町は移住や起業の推進を森林管理・利用の目的にしている（鈴木、2022 年：107p）。このような先進地の目的設定の仕方は、これから森林政策方針を作っていこうとしている他の市町村の参考になるだろう。

５．行政にしかできない政策課題とは？

漁業者からの言葉

　かつて私が所属した標津町は、サケ・マスの定置網漁業が盛んな町だった。そして、生まれた川に帰ってくるサケの習性や、町内河川における孵化・放流事業の実施などもあって、住民の河川環境保全への関心が高く、毎年、河川沿いでは多くの住民が参加する植樹活動が行われていた。そして、河畔林で皆伐が行われると、

　「あそこで木を伐っているが、どこまで伐るのか？」

　と漁業者から問い合わせが入るほど意識が高かった。

　ある日、皆伐現場を見たいという地元の漁協の申し出を受けて、先導車で現地案内をしていた時、山道で迷ってしまったことがあった。そこは、山主から伐採届が提出され、書類も適正に処理されて皆伐をした現場だったのだが、他業務に忙殺されていた時期で、通常は行っている伐採前の現地確認ができていなかった。そこを見抜かれ、漁業関係者から厳しい口調でこう言われた。

　「我々は河畔林のパトロールまでしかできない。実際の伐採規制は行政にしかできないのだから、しっかりと現場を見てくれ」

　私は必死に謝りつつ、仕事に対する自らの姿勢の甘さを思い知った。忙しさを言い訳にして、フォレスターの基本である現場確認が徹底できていなかった。これは恥ずべきことである。この言葉はその後の私のフォレスター人生に深く刻まれ、それ以降はどんなに忙しくても、事前に皆伐現場を丁寧に見るようになった。

伐採規制は行政の領分

　日本の森林制度では、民有林の伐採に対する山主や伐採事業者への指導は、都道府県と市町村が担っている。保安林と１ha を超える普通林の林地開発の場合は都道府県、それ以外の普通林の伐採・開発は市町村が窓口になって、指導する仕組みが基本である。[16]伐採区域や伐採方法などに問題があれば、「申

請を許可しない」「伐採計画の変更を命じる」などの権限を地方行政は持っていて、それに違反した者には森林法の規定に基づいて罰（罰金等）が科される。先の漁業関係者の言うとおり、ここに、行政以外の民間事業者や個人が入る余地はない。

　その後、全国の皆伐現場を回る機会に恵まれ、河畔林の乱暴な伐採や災害リスクの高い急傾斜地の皆伐、途方もなく広大な面積の皆伐地などを見た。地元行政が適切に指導できていたら、このような現場は発生しなかったのではないかと悔しくなるような現場も数多くあった。

　もちろん、地方行政だけを責めるのは酷なのかもしれない。私的所有権の強い日本では、山主、または伐採事業者の節度やモラルが林地保全の鍵を握っており、地方行政ができることはそもそも限られている。たとえば、日本の民有林の約7割を占める普通林の開発規制の制度は及び腰で、森林開発が社会問題になっていた1974年に創設された林地開発許可制度も、一定の要件さえ満たせば「許可しなければならない」とされ、開発を後押しするかのような規定になっている。[17]伐採に関しても普通林には、河畔林における伐採制限、災害リスクの高い箇所への伐採制限、皆伐区画面積の上限設定などに関する明確な法的ルールは存在しない。

　また、指導を担う市町村の林務体制は脆弱であり、これまで現場指導の要となっていた都道府県の林業普及指導員も2000年以降にその数を大きく減らすなど、伐採対策に関する地域の指導体制はとても十分とは言えない状況である。さらに、山主の側にも、立木を処分せざるを得ない事情や森林保全に関する知識の不足などがあると考えられる。

　このように、日本の皆伐・開発問題は、行政が規制をすれば簡単に解決ができるものではなく、モラル・制度・体制・普及などの諸課題を一つ一つ解決していかなければ、進まないのである。

16——日本の森林法は、森林を保安林と普通林に分けており、保安林は永久林地で、普通林はそれ以外という位置づけである。保安林には強い開発規制がかかるが普通林にはそれがかからないという特徴がある。
17——日本の開発・伐採規制の成立過程と現状については、柿澤宏昭『日本の森林管理政策の展開：その内実と限界』、2018年を参照のこと。

だからと言って、手をこまねいているわけにはいかない。「今の状況で、できることをやる」という思いで、標津町では河畔林の伐採規制（本章3節）、豊田市では皆伐や道づくりに対する施業ルールである森林保全ガイドラインの運用に取り組んできた。これらの取り組みは、地域における施業ルールを設定し、個別申請に対する山主や伐採業者への説明、事前・事後の現地確認を行うなど一連の作業を伴うものだった。また、これらのルールを作成するにあたって各地の事例を調べ、宮崎県では民間の伐採事業体が中心になって取り組んでいる「伐採搬出ガイドライン」（NPO法人ひむか維森の会）、岐阜県郡上市の「皆伐施業ガイドライン」、長野県の「災害に強い森林づくり指針」などの取り組みがあることを知った。

想定を超える豪雨災害の頻発

　近年、梅雨期の大雨や台風の来襲などにより、想定を超えるような雨量の雨が短時間に降っている。各地で河川流量が急激に増加して氾濫し、土砂崩壊や土石流が発生するなどの災害が発生していて、地域住民の生命が脅かされている。

　表4-1は、2010年以降の主要な豪雨災害の内容を順に整理したものである。これを見ると、近年は台風や低気圧の影響で猛烈な豪雨が発生し、大きな災害を引き起こしている。そして、これら近年の豪雨災害の特徴には、大きく次の3つが挙げられる。

　第1に、降り始めから降り終わりまでの総降水量の規模が大きいことである。2010年以降の主要な豪雨災害では、最も雨が降った地点の総降水量や48時間降水量が400mmを超える災害が占めており、紀伊半島豪雨（2011年）と東日本台風（2019年）では1,000mmを超えるメガ級の豪雨になっている。特に、前者の紀伊半島豪雨は和歌山県、奈良県、三重県に多量の雨をもたらし、奈良県上北山村の総降水量は1,814mmという驚異的な数値になった。上北山村の年間降水量の平均値は2,700mm程度なので、1年間で降る雨量の約6割がわずか3日間のうちに集中的に降ったという、まさに異常事態だった。ちなみに、東京都の年間降水量は1,500mm程度で、上北山村のこの豪雨時の72時間降水量よりも少ない。

表 4-1　2010 年以降の主要な豪雨災害

豪雨名	年月	災害状況	総降水量等	1時間降水量	死者数
紀伊半島豪雨	2011年9月	大型台風によって、和歌山県や奈良県を中心に土砂災害や河川氾濫が発生した。	総降水量は和歌山県や奈良県等の多い所で1,000mmを超えた。最高値1,814mm（奈良県上北山村）	132mm（和歌山県新宮市）	82人
伊豆半島豪雨	2013年10月	台風の影響で広い範囲で大雨となり、特に伊豆大島では猛烈な雨で流下距離2.4kmの土石流が発生し多数の死者を出した。	48時間降水量は東京都や千葉県等の多い所で300mmを超えた。最高値824mm（東京都大島町）	122mm（東京都大島町）	39人
広島豪雨	2014年8月	停滞前線に湿った空気が流れ込んで大雨となり、広島市北部では同時多発的な土砂災害（166箇所）が発生し、多数の死者を出した。	48時間降水量は高知県や城県等の多い所で300mmを超えた。最高値419mm（高知県馬路村）	最高値101mm（広島県広島市）	77人
関東・東北豪雨	2015年9月	台風の影響で広い範囲で大雨となり、茨城県を中心に河川氾濫が発生し、鬼怒川では大規模な浸水被害になった。	総降水量は栃木県や宮城県等の多い所で500mmを超えた。最高値647mm（栃木県日光市）	最高値75mm（三重県鳥羽市）	20人
北海道・東北豪雨	2016年8月	台風の影響で東日本から北日本を中心に大雨となり、北海道や岩手県において河川氾濫による浸水被害が発生した。	48時間降水量は北海道や岩手県等の多い所で250mmを超えた。最高値436mm（静岡県伊豆市）	岩手県や東京都等の多い所で80mmを超えた。最高値107mm（東京都青梅市）	26人
九州北部豪雨	2017年7月	梅雨前線等の影響により大雨となり、福岡県、大分県を中心に土砂災害や河川氾濫が発生した。多量の流木が河川に流れ込んで、スギ人工林の管理不足が指摘された。	48時間降水量は福岡県や大分県等の多い所で300mmを超えた。最高値600mm（福岡県朝倉市）	最高値129mm（福岡県朝倉市）	42人
東日本台風	2019年10月	台風の影響で大雨となり、関東から東北地方まで広い範囲で河川氾濫や土砂災害が発生した。死者数は平成以降の台風被害で最大。	総降水量は神奈川県や宮城県等の多い所で600mmを超えた。最高値1,001mm（大分県日田市）	最高値95mm（岩手県普代村）	118人
熊本豪雨	2020年7月	停滞前線が暖かく湿った空気が流れ込んで中心に河川氾濫や土砂災害、土石流が発生した。熊本県球磨川で中心に、熊本県人吉市で最大浸水被害が発生した。	48時間降水量は熊本県や福岡県等の多い所で500mmを超えた。最高値792mm（大分県日田市）	鹿児島県や熊本県等の多い所で80mmを超えた。最高値109mm（鹿児島県鹿屋市）	86人
伊豆山土石流災害	2021年7月	停滞前線に湿った空気が流れ込んで大雨となり、静岡県熱海市の逢初川では約1kmの長さの土石流災害が発生し、住家98棟が被害を受けた。上流域での盛土が被害を増大させたと問題視された。	総降水量は静岡県等の多い所で400mmを超えた。最高値830mm（神奈川県箱根町）	最高値68mm（静岡県川根本町）	27人

主な出典・各降水量は気象庁HP「災害をもたらした気象事例（平成元年～本年）」(https://www.data.jma.go.jp/obd/stats/data/bosai/report/index_1989.html)、
死者数は総務省消防庁HP「災害情報一覧」(https://www.fdma.go.jp/disaster/info/)

第２に、１時間降水量の規模が大きいことである。表４-１では、１時間
降水量が100mmを超える豪雨が多くを占めており、短い間に猛烈な雨が降
り注ぐという降雨パターンになっている。特に、紀伊半島豪雨（2011年）
と九州北部豪雨(2017年)では130mm前後と驚異的な数値になっている。「１
時間降水量100mm」と言われてもピンとこない読者もいるかもしれないが、
気象庁が示した雨の強さの区分で言うと、最も雨の強い区分が「80mm以上：
猛烈な雨」で、人の受けるイメージは「息苦しくなるような圧迫感がある。
恐怖を感ずる」になる。傘はまったく役に立たず、車の運転が危険な状態に
なる雨の強さだ。このような危険な雨が、日本各地で降っているのである。
　第３に、土砂災害や河川氾濫によって多数の死者が出ていることである。
伊豆半島豪雨（2013年）、広島豪雨（2014年）、伊豆山土石流災害（2021年）
は、土砂崩壊を起点に大規模な土石流が発生し、沢や川沿いの人家を飲み込
み、多くの死者を出した。また、東日本台風（2019年）や熊本豪雨（2020年）
では、河川の氾濫によって多くの人が溺死した。2010年以降の主な豪雨災
害では、毎年のように20人以上の方が亡くなっており、そのうちの４割強
は70人以上が亡くなる被害が発生している。
　以上のように、2010年以降の主要な豪雨災害は、期間降水量と１時間降
水量の多さ、死者数の多さなどの特徴を持っており、地理的にも北海道から
九州まで広域にわたって発生している。気象庁の資料では、その他の豪雨記
録も含めた豪雨の年間発生回数が1976年以降は増加傾向にある。[19]地球温暖
化がその主要因であるとすれば、今後もこの傾向は続いていくと予想される。
想定を超える豪雨災害にどのように備えていくかは、これからの日本の重要
課題の一つと言えるだろう。

伐採に関する地域ルールの必要性

　このような豪雨災害に対して、森林管理サイドは災害を防ぐため、または
災害規模を小さくするための対策を取っていく必要がある。たとえば、土石
流やがけ崩れなどの土砂災害を防ぐには、山地で崩壊を起こさせない環境づ
くりが必要であり、そこでは樹木の根系が持っている斜面固定機能が大きな
役割を果たす。

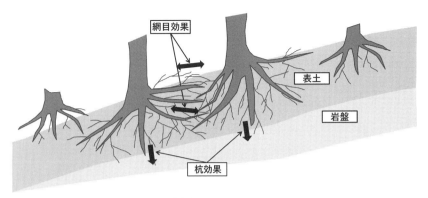

図 4-3 樹木の根系による斜面固定機能
出典：豊田市森林保全ガイドライン

　樹木には、水平に伸びた根（水平根）が隣接する木の根と絡まりながら土を繋ぎ止めようとする働き（網目効果）と、垂直に入り込んだ根（鉛直根）が杭のように土壌を固定する働き（杭効果）がある（図４−３）。近年の研究では、水平根による網目効果の果たす役割が注目されており、樹木の太い根を多くして、根を土壌に張り巡らすことで斜面固定機能が高まると指摘されている。[20]

　このため、急傾斜地や０次谷などのがけ崩れの危険度が高いエリアで皆伐すると、根が枯れ腐朽して斜面固定機能が失われてしまうから、そのようなエリアでの皆伐はしてはいけない行為となる。特に、斜面下や下流域に民家や道路などのある箇所の伐採は、人命を直接脅かす可能性があるため細心の注意を払う必要がある。

18——豊田市の森林保全ガイドラインの内容は、柿澤宏昭編著『森林を活かす自治体戦略』、2021 年：239 〜 242p を参照されたい。
19——気象庁「全国の１時間降水量 50mm 以上の年間発生回数の経年変化（1976 〜 2021 年）」（https://www.data.jma.go.jp/cpdinfo/extreme/extreme_p.html）
20——長野県「災害に強い森林づくり指針」2008 年（https://www.pref.nagano.1g.jp/shinrin/sangyo/ringyo/hozen/chisan/documents/shishin_8.pdf）、および北原曜「森林根系の崩壊防止機能」、2010 年を参照のこと。

「皆伐しても植林すれば問題ないのでは？」と言う現場技術者は多いが、植林した苗木の小さな根系が、皆伐前の高木性樹木の根系の大きさに近づくには30年以上の月日がかかる。この期間は、伐採木の根の腐朽が進行中で斜面は不安定な状態に置かれるため、崩壊リスクが高まる。実際に、0次谷で皆伐を実施し、ヒノキを植林して10年目の林地が豪雨によって崩壊した現場を豊田市で見たことがある。九州南部の市房山を事例にした研究報告でも、伐採後の植林地で伐採後20年程度の間に崩壊が発生したデータが示されている（多田、2021年：37〜38p）。

　このように、土砂災害を防ぐためには危険エリアにおける伐採ルールの設定が必要である。災害防止や河川環境保全を目的とした森林の伐採規制は、行政にしかできない。地方行政が中心となって、地域の自然や社会状況を踏まえた伐採ルールを設定し、それを現場で運用することが急務になっている。

　また、この目的の達成のためには規制だけではなく、間伐の推進や保全型の道づくりなど、山主や森林組合等の事業体の協力や防災配慮が重要である。地域において関係者の協力体制を構築していくことが求められるだろう。

6．流域単位の生態系保全

サケが森をつくる

　写真家としてアラスカを拠点に活動し、クマや野生動物など数多くの写真を発表した星野道夫さん。大自然に生きる動物や植物の生き生きとした姿をとらえた写真や、自然への愛情に溢れた珠玉のエッセイを残した。星野さんは、著書『イニュニック［生命］：アラスカの原野を旅する』において、アラスカの川を、川幅いっぱいに黒々と埋め尽くして遡上するサケの大群を見て、古いネイティブ・アメリカンの次のことわざを思い出したと綴っている。

"Salmon make a forest"（サケが森をつくる）

　数年にわたり海を回遊して母川に帰ってきたサケは、川を遡上し、産卵を終え、力尽き、その生涯を閉じる。死んでいったたくさんのサケは岸辺に打ち上げられ、昆虫や微生物などによって分解され、土壌に染み込んで森を育む。ネイティブ・アメリカンのことわざはサケのこの役割のことを示したものである。

　遡上の途中でヒグマやワシ類などに捕食され、陸上に引き上げられるサケもいる。標津町など知床半島の河川を秋に歩いていると、陸上に引き上げられたサケの死骸を容易に見つけることができる。その食べ方はひどく贅沢で、サケの頭の下とイクラを食べるだけで、あとは捨ててしまうことが多い。豊饒な河川に生息するヒグマは、美食家であり、浪費家なのである。

　上流域に達したサケ類が捕食されたり陸上に引き上げられる割合は 30 〜 79％にも及び、その大部分が森に還元されている可能性が指摘されている（砂防学会、2000 年：35p）。ヒグマの美食家としての習性が、結果として、サケの死骸を河川沿いの林内に供給し、森の栄養源になっているのだ。もっと広いスケールでみれば、サケの遡上習性とヒグマの美食習性が相まって、海洋由来の栄養物質が、河川上流域の淡水および陸域の生態系に運ばれるという、海→川→森という方向の物質の流れが成立していると言える。

これとは逆で、森→川→海という方向の物質の流れもある。上流域において河畔林から葉っぱや昆虫などの栄養源が川に供給され、川を下って、下流域や海に運ばれている。河畔林はサケ稚魚の生息環境の形成にも大きな役割を果たしており、川で育った稚魚が川を下って海に出て、ベーリング海やアラスカ湾を回遊しながら成魚になっていく。

　要するに、森‐川‐海のつながりで地球規模の物質「循環」が成り立っているのであり、この壮大な循環が地域の森を育み、魚類や野生動物を守っているのである。そして、これらの生態系を維持するための生命線になっているのが、森‐川‐海のつながりであり、流域単位での連続性なのである。

シンボル・フィッシュ、サクラマス

　ところが、日本の多くの河川には、治水や利水、治山を目的としたダムが設置され、また魚を捕獲するために設置された簗（ウライとも言う）もあって、流域の連続性が遮断されることが多い。もちろん、これらは住民生活や産業維持のための重要施設であることが多く、それぞれの役割を果たしている。

　流域の連続性を維持するには、どうすればいいのか。環境か生活かの二者択一ではなく、この２つを両立させることはできないだろうか。ダムなどの既存施設の機能は維持しつつ、流域の連続性を取り戻す。この可能性を検討するために、私もメンバーになって取り組んだダムのスリット化の事例を見ることにしよう。

　標津町内を流れる忠類川は、知床連山の斜里岳を水源の一つとする中規模河川で、サケ釣りが楽しめる「サーモンフィッシング」の川として知られている。魚の遡上を妨げる工作物が少なく、毎年多くのサケ科魚類が遡上し、自然産卵している河川でもある。

　７月初旬ごろ、その中流域にある金山の滝に行くと、滝を乗り越えようと上流に向かってピョンピョンと飛び跳ねるサクラマスの姿を見ることができる。落差２ｍ以上はある滝なので、ほとんどのサクラマスは遡上に失敗するが、時々、すばらしいジャンプで滝を乗り越え、遡上していくツワモノもいる（写真４‐３）。

写真 4-3　金山の滝のサクラマスのジャンプ（写真提供：市村政樹氏）

　サクラマスはサケ科の仲間で、同じく北海道を代表するシロザケ、カラフトマスと比べて、稚魚の時代に河川で生活する期間が長いほか、河川の上流から下流までの広い範囲を生息域としている魚である。このような特徴は、河川環境の状態がその生息に大きな影響を与えるということであり、サクラマスは川の健全度を測る指標となる魚で、忠類川のシンボル・フィッシュになっている。
　しかし、金山の滝の下流付近にある、支流のイケショマナイ川には治山ダムがあり、そこでサクラマスの遡上が妨げられていた。この改善を求める声が地元から上がり、議会でも提言されたことから、役場内に対策チームが作られることになった。

治山ダムのスリット化

　対策チームは、「忠類川環境プロジェクト事業」という名前で2004年6月

に役場内に立ち上げられた。メンバーは役場内の係長以下の若手職員中心で構成され、座長は標津サーモン科学館学芸員（当時）の市村政樹さんが務め、水産課の山崎忠仁さん、建設課の忠鉢誠さん、農林課の私と、各分野の専門採用職員が主要メンバーになった。魚類、水産、土木、森林の各分野の専門職員が集まったメンバー構成が、このプロジェクトを機能させるうえで重要になった。

　対策チームは、すぐに動き出した。北海道大学農学部の中村太士教授（流域生態学）と（株）北海道技術コンサルタントの岩瀬晴夫さんらを招聘し、現地検討の場を持った。そして、岩瀬さんが中心となって、堤体の高さ５ｍ、横幅48ｍのダムの中央部に逆台形型（最大幅10ｍ程度）のスリットを入れて、上下流の河川をつないで魚が遡上できるようにすること、ダム直下流部に砂礫が溜まる施工をしてサケの産卵床を造成することを２本柱とする工事案をまとめた。それは、治山ダムの機能を維持しつつ河川の連続性を確保するという、まさに理想的な内容だった。

　対策チームはこの案を手に、治山ダムを所管する国有林の出先事務所を訪問した。突然の提案にもかかわらず、事務所の担当職員は丁寧に対応してくれ、内部調整を進めてくれた。しかし、新しい工法ということがハードルとなり、すぐに事業化とはならなかった。

　それでも、国有林側とは定期的に協議の場を持ち、専門的な質問があった時は、中村教授や岩瀬さんたちの専門家チームに相談して、アドバイスをもらった。2006年２月には、町、漁協、農協、商工会、観光協会などの地元の主要団体から成る「忠類川流域協議会」を立ち上げ、治山ダムの改良要望を協議会から国有林側に提出した。対策チームは課題が持ち上がるたびに役場で会議を行い、そのまま夜の部に移って、お酒を酌み交わしながら、生きものがにぎわう忠類川の夢を大きな声で語り合った。

　協議を開始してから、はや４年の歳月が過ぎ、国有林側との協議回数が20回を超えた頃だった。2009年の冬、イケショマナイ川治山ダムの改良工事が実施された。翌年の秋、ダム上流部で40年ぶりにサクラマスの遡上と繁殖が確認された。

　生物多様性の保全は、今や国際的な課題である。2010年に名古屋市で開

写真 4-4　スリット化されたイケショマナイ川治山ダム

催された COP10（生物多様性条約第 10 回締約国会議）では、生態系、種及び遺伝子の多様性を保護することにより、生物多様性の状況を改善するなどの愛知目標が設定された。しかし、地域の生態系は、忠類川のサクラマスのように、流域単位のつながりのなかで健全な状態に保たれている。そこでは、森−川−海という広域的な視点に立った政策方針の設定と、保全活動の展開が不可欠である。

　これは、地域のフォレスターだけではできない。流域の各分野の関係者が連携し、専門家を巻き込んでいく体制のなかで実現できるのである。

7．林業の経済性への探求

森林組合会議室

「こんなに……くれるのか……」

　山主（組合員）のＡさんはそう呟いた。険しかったＡさんの表情がみるみる崩れ、破顔した。Ａさんの顔は興奮で真っ赤になっていた。満面の笑みを浮かべて「アッハッハッハ」と笑った後、Ａさんは私の目を見て、

「良い仕事をしてくれて、ありがとう」

　と言った。そして、おもむろに私の右手を取り、両手で力強く握った。「ありがとう」「ありがとう」と繰り返しながら。

　その年、Ａさんの所有林の利用間伐（間伐して間伐材を販売する事業）を森林組合で実施し、木材販売の利益もあったので、その結果を報告するために、森林組合の会議室にＡさんに来てもらっていたのだった。私は森林組合職員として、Ａさんとの事前打合せ、事業内容の設計、現場管理、木材販売までを担当した。

　森林組合からＡさんに支払う金額を伝えた時、普段は厳しいＡさんの態度が急変したので、私は目の前で起こっていることが理解できなくなっていた。

「いえ……、良かったです」

　そう答えるのが精一杯だった。

　しばらくしてＡさんは私の手を離してくれたが、その後も、興奮冷めやらぬという様子だった。森林組合が今回いかに良い仕事をしたか、これまでの森林組合がいかにダメだったかについて熱心に語ってくれ、最後に、丁寧なお辞儀をして、事務所を出ていかれた。

　私は自分のデスクに戻り、コーヒーを淹れた。動揺している心を鎮めようとした。しかし、出来立ての熱いコーヒーを飲んでも、心はちっとも落ち着かなかった。

　金額を伝える前と後の、Ａさんの表情の変化を思い出していた。確かに、事前の見積金額よりは多くの金額をＡさんに渡せる結果にはなったが、あれほど喜ぶ金額ではないように思えた。どうして、ああいうことが起こったの

だろう、と思った。その時、ふと、マルクスのことが頭に思い浮かんだ。

マルクスの洞察

　カール・マルクスは、言わずと知れた経済学・社会思想の巨人であり、20世紀以降の思想や国際政治に多大な影響を与えた人物である。マルクスは人間や社会を「関係」として捉え、なかでもその根幹は経済（生産関係）にあるとした。生産関係とは、人々が物の生産の過程で作り出す人間関係のことである。そして、マルクスは、経済の生産関係が社会の土台（下部構造）をなしており、その上に、法律や政治、道徳・宗教・芸術・学問といったものが乗っている（上部構造）という図式的な社会構造観（唯物史観）を提示した。要するに、下部構造が上部構造を規定している、「経済」が政治や精神・文化などを決めているという図式である。社会関係の中で「経済」が最も重要であり、（上部構造からの反作用はありつつも）経済によって多くのことが決まっている、とマルクスは言っている。

　この社会構造観を学生時代のゼミで初めて知った時、「人の意思や思想や文化が、経済（お金）で決まってたまるか」と反発を覚えた。価値観の多様性が重要になっている社会において、経済のみに収斂させるような議論に強い違和感を持ったのだ。

　しかし、冒頭のような、経済（お金）が人の感情や行動を大きく変えてしまう事態を目の当たりにして、マルクスが「経済」に注目した意味を、初めて理解できたような気がした。経済は、人間を、一瞬のうちに変えてしまう強力なパワーを持っている。

　もちろん、マルクスの社会構造観は、経済といっても生産の場での関係のことを言っているのであって、冒頭の事例のような貨幣の価値のことを直接的に言っているわけではない。しかし、資本主義社会を徹底的に分析したマルクスの問題意識の根底には、広義の経済が人や社会に与える影響の大きさへの洞察があったと考えられる。Aさんの態度の変化を思い出し、私はマルクスのこの洞察に、身震いするほどの凄みを感じた。

　戦後に植えられた日本の人工林の大半は、財産形成を主目的としていた。世界に冠たる人工林率41％を誇る日本の人工林が作られたのは、まさに、

林業の持っている経済性がその原動力になったからだった。しかし、1980年以降から木材価格が下落して林業の採算性は著しく悪化し、現在は山主の山離れが進行するような状況である（第6章1、2節を参照）。地域森林の整備や木材生産における補助金への依存度は高まっており、林業を諦めて補助金（税金）だけで森林管理を行っていけばいいという言説も出てきた。だが、本当に林業を諦めてしまっていいのだろうか？　少子高齢化社会になり巨額の財政赤字を抱える日本で、補助金による森林管理が果たして持続的なのだろうか。経済の持つパワーを、再び森林管理に活用することはできないのだろうか。

林産事業の立て直し

　私が森林組合で林産事業（樹木を伐採し木材を販売するまでの事業）の担当になった当初、木材取引の方法はひどくシンプルだった。取引先は近隣の製材工場1社だけで、採材寸法（販売のために伐採木を丸太に切り分ける時の長さ）は1～2種類しかなく、取引量も極端に少なかった。

　林産事業が今後の森林組合経営の柱になると感じていた私は、すぐに林産事業の改革に乗り出した。まず、近隣の製材工場や合板工場に対する市場調査を開始し、各社が取り扱っている木材のサイズ（太さ・長さ）や品質、値段などを調べた。併せて、伐採を担当する民間林業事業体と協議の場を持ち、採材や仕分けを多様化する方針について事業体の感触を探った。採材が複雑になり手間がかかるという意見が出されたが、その分は別途経費として支払うことを約束し、「一度やってみて、ダメなら撤退しましょう」ということで、やや強引にスタートさせた。

　改革の方法は、その林分の木材の販売総額が最も高くなるように、採材寸法を多様化して複数の工場に売り分けるというものだった。そのために、伐採予定現場の立木の状態を丁寧に把握するとともに、各社の木材価格を定期的に調べて、最新の木材価格から販売先と採材寸法を決めるようにした。判断に迷うような現場は、販売候補会社のスタッフに伐採前に立木の状態を見てもらい、アドバイスをもらった。

　実際に作業を始めてみると、事前に思っていたよりもはるかに大変で、販

写真 4-5　林業機械による作業。手作業と比べて効率性が飛躍的に向上する

売先が求める品質に丸太を揃えたり、土場を採材寸法ごとに細かく分けることなどに手間取った。それでも、問題があれば「即」現場打合せを行って「即」対応という方針で、関係者で協力して何とか乗り越えた。

　取引先を4社まで増やし、採材寸法は1.9 m、2.1 m、2.3 m、2.5 m、3.65 mの5種類をフルのラインナップにした。利用方法は、建築材、合板材、ラミナ材、梱包材、薪材、パルプ材の6種類である。このような取り組みの結果、改革前と比べて、木材の販売数量は4倍以上になり、販売単価は2.5倍に跳ね上がった。

　一方で、伐採や造材等の作業の効率化にも同時進行で取り組んだ。近隣の所有者に片っ端から声をかけて、事業地が10ha以上の面積規模になるように集約して、伐採や集材の作業を効率的にできる現場を用意した。作業道や林業専用道の新規開設も積極的に進め、標津町では過去30年間、実施されていなかった道づくりにも取り組んだ。伐採を担当する民間林業事業体は森

林組合の方針に合わせて機械化を推進し、造材や運材用のハーベスタやフォワーダ、グラップルなどの機械を中古で次々と導入した。

　以上のような木材販路の拡大、事業地の集約化、道づくり、作業の機械化の４つの取り組みを合わせた林産事業改革によって、森林組合の林産事業の採算性は飛躍的に改善し、事業を実施した山主に利益を還元できるまでになった。この改革が軌道に乗り始めた頃に事業を実施したのが、冒頭のＡさんだった。林産事業を実施した山主の多くは、その他の所有林で植林や保育事業（切捨て間伐など）も希望するようになり、林産事業をきっかけにして地域の森林整備が広がっていく好循環も生まれた。

　経済は、人の感情や行動を大きく変えるパワーを持っている。林業の経済性によって、地域の森づくりが進んでいくかもしれない。林業の可能性について、一度、地域の関係者で検討してみてはどうだろうか。本節でみた、林産事業改革における木材販路の拡大や事業地の集約化は、大きな投資を必要とせず、地域の自己努力によって実行できる取り組みでもある。「木材価格が安くて難しい」と嘆く前に、足元の現場でできることは、まだたくさんある。[21]

21──本節で林業の可能性について強調したが、日本のどの地域でも林業ができる、と主張しているわけではない。林業に適していない急傾斜が大半を占める地域や、自然保護や観光などを地域森林の目的に設定した地域もある。検討の結果、林業を諦めるという地域があっても良い、そういう地域もきっとあるはずだ、と私は考えている。本節で指摘しておきたかったことは、「林業は地域で議論するに値するテーマなので、地域の関係者でしっかりと議論しておきましょう」ということである。
　なお、皆伐－再造林を行政が政策的に進めることに対して、私は現段階では時期尚早と考えている。第６章１節のように日本林業が苦境に立っている中で、林業の長期的な採算性が見通せない状況だからである。皆伐－再造林に踏み込む前に、各種データ（地域林業経営の長期的なコスト、木材販売の見通しなど）を集めて蓄積すること、低コストで効果的な獣害対策の研究を進めること、森林保全を目的とした伐採に関する地域ルールを作ること、それらを踏まえて地域の施業体系を見直すこと、これらを推進していく体制を地域で作ることなどが必要であろう。

第5章 市町村フォレスターの施策形成

1. 2010年代の先進自治体

「施策体制」の検討

　地域の各課題の解決のために、フォレスターらが中心になって、山主や林業関係者、地域等と協力関係を構築していくことの重要性について、これまで述べてきた。特に、本章の主題となる市町村施策は、市町村単独で実施できる施策はほとんどないため、連携できる新たな主体との関係構築を含め、地域関係者との体制づくりが不可欠である。

　第4章3節では、市町村の森林政策の方針設定に関わって、地域の自然条件や社会条件を踏まえた方針を設定すること、方針に沿った「施策」を充実させることの重要性について指摘した。つまり、地域条件や地域課題に即して展開される市町村の施策が、今後の地域森林管理の進展の鍵を握っているのであり、これをどう実現していくかが大きな課題なのである。本章では、地域課題に対応するため市町村が自ら企画して実施する施策のことを「独自施策」と呼び、主題としたい。

　それでは、市町村の独自施策は、具体的にどのような体制で作っていけばいいのだろうか。その体制の中で、キーパーソンや各関係者はどのような役割を果たしていけばいいのだろうか。この点を明らかにするため、本章では以下の事項を明らかにする。

　第1は、市町村の独自施策の施策形成と実施のプロセスである。自治体の独自施策が、どのようなきっかけで課題設定され、どのようなプロセスで内容が検討され、実施されているかを一連のプロセスとして把握する。

　第2は、上記のプロセスがどのような体制で行われ、施策に関わった地域等の人材（以下、地域人材）がどのような役割を果たしたのかである。課題

設定は誰が行い、施策検討や実施をどのような体制で行い、誰が施策検討を主導するキーパーソンになったかを把握する。なお、本章では、キーパーソンを、施策の主要なアイデアや知見を提供し、論点整理を行い、施策の骨格部分の組み立てを行った人材のことと定義する。

事例地の選定

　市町村の森林施策には多様な施策分野があることから、事例地の選定では施策分野のバランスに配慮することが重要である。このため、本章で扱う施策分野は、柿澤の分類（柿澤編著、2021年）を参考に、地域材の利用などの森林資源の活用政策として「木材利用」、地域の担い手育成などの「現場人材育成」、独自の施業ルールを設定するなどの森林管理の政策として「森林計画・施業規制」の3分野とした。

　そして、2018年度市町村アンケート調査をもとに、各種文献・Web資料による追加調査を実施した上で、2010年代以降に3分野において結果が伴った施策を展開している市町村を選んだ。「木材利用」に関わる自治体として北海道中川町と岐阜県飛騨市、「現場人材育成」に関わる自治体としては鳥取県日南町、「森林計画・施業規制」に関わる自治体として岐阜県郡上市と愛知県豊田市の5自治体6施策である。どれも、2010年代の市町村施策をリードする、優良で魅力的な事例だ。

　事例地の施策概要は表5-1のとおりである。木材利用分野の中川町は、広大な天然広葉樹資源を活用するため、町有林広葉樹材等の多様な販売ルートを構築するとともに、移住者を地域に呼び込み木材利用の担い手育成にも取り組んでいる。また、飛騨市は地域活性化を図るため、2015年に広葉樹資源の利用の拠点になる「㈱飛騨の森でクマは踊る」を第3セクター方式で設立し、新たな木製品の開発や販売等に取り組むとともに、広葉樹を活かしたまちづくりの方針を打ち出し、関連の取り組みを展開している。

　現場人材育成分野は日南町で、森林作業員の不足や町内での林業事故の発生などを受け、市町村としては初となる「にちなん中国山地林業アカデミー」を2019年に設立し、森林作業員等を町自ら育成する取り組みを進めている。

　森林計画・施業規制分野の郡上市には2施策あり、「郡上市皆伐施業ガイ

表5-1　事例地の施策の概要

分野	自治体名	施策名	内容	策定・設立年度	施策体制
木材利用	中川町	広葉樹材の販売ルートの構築	町有林の広葉樹材等の多様な販売ルートの構築	2013	実務職員型
	飛騨市	（株）飛騨の森でクマは踊る	広葉樹材利用の拠点となる第3セクターの設立と事業展開	2015	民間活用型
現場人材育成	日南町	にちなん中国山地林業アカデミー	森林作業員等の育成を目的とした町独自の林業学校の開校と教育	2019	実務職員型
森林計画・施業規制	郡上市	皆伐施業ガイドライン	災害防止を目的とした独自の皆伐施業ルールの策定・運用	2013	委員会型
		森林ゾーニング	地形と地利を軸とした独自ゾーニングの策定・運用	2017	
	豊田市	森林保全ガイドライン	災害防止を目的とした独自の皆伐施業ルールの策定・運用	2019	

出典：各種資料より筆者作成

ドライン」は、無秩序な皆伐の広がりを防ぐために施業規制を含めた独自ルールを2013年度に策定し、次年度から運用を始めた取り組みである。「森林ゾーニング」は、木材生産林と環境保全林の2区分に分ける独自ゾーニング方針を設定し、2017年度から運用を開始した取り組みである。また、「豊田市森林保全ガイドライン」は、今後の皆伐等の対策として皆伐や路網開設に係わる独自ルールや留意事項をまとめたもので、2019年に策定し運用を始めた事例である。

　事例地の概要は表5-2のとおりである。郡上市と豊田市と飛騨市は2004年から2005年にかけて市町村合併をしたが、中川町と日南町は平成の合併をしていない。人口規模は豊田市（42万人）が突出して多く、郡上市（3万8,000人）と飛騨市（2万2,000人）が中規模で、中川町（1,500人）と日南町（4,100人）は小規模である。

　事例地の民有林面積は中川町を除いて約3〜9万haで、民有林面積3万ha未満の市町村が全国で85％を占めている（鈴木ら、2020年：53p）ことと比較して規模が大きく、区域内の広大な森林の保全や活用が課題となって

表 5-2　事例地の概要

	郡上市	豊田市	飛騨市	中川町	日南町
人口（千人）	38.7	422.5	22.9	1.5	4.1
森林面積（ha）	92,612	62,528	74,131	51,146	30,461
森林率（%）	90%	68%	94%	86%	89%
民有林面積（ha）	89,913	61,249	56,496	16,991	29,142
うち人工林率（%）	55%	57%	29%	17%	62%
合併年	2004年	2005年	2004年		
合併タイプ	山村同士（7町村）	大規模市＋山村（豊田市＋6町村）	山村同士（4町村）		
林務体制（注）	林務課8名	森林課20名	林業振興課3名	産業振興課3名	農林課3名

注：飛騨市・中川町・日南町は、課内の他分野の担当者を除いた林務担当ライン（課長含む）の職員数

出典：鈴木春彦ら「市町村森林行政における施策形成・実施の体制と地域人材の役割：5自治体の独自施策を事例として」、2021年：26p

いる自治体だった。民有林の人工林率は日南町（62%）と豊田市（57%）と郡上市（55%）は高く、飛騨市（29%）と中川町（17%）は低く天然林率が高い。職員数は豊田市（20名）が突出して多く、次いで郡上市（8名）で、残りの3市町は3名と平均的な規模だった。

　このように事例地は、施策分野、合併の有無、人口規模、林務体制の規模など偏りがないように留意し、可能な限り多様となるように選定した。

　調査は、関係者への聞き取り、現地視察と研修会への参加、文献資料調査を行った。聞き取り調査は、独自施策を担った各自治体の担当者や関係者22名を対象に、訪問又はオンライン方式、メール問合せによって、2019年12月から2021年3月にかけて計40回実施した。聞き取り調査は、相手に自由に喋ってもらう時間と、私が事前に考えてきた質問を聞く時間を織り交ぜながら行った。ほとんどの調査相手は、当初に想定した時間を大幅に超えて、関係者の熱い想いや葛藤をじっくり聞かせてくれた。現場で奮闘する方々の前に座って、その取り組みの内容と人生航路の一つ一つを聞いていく作業

は、とても楽しく、幸せな時間だった。

3つの施策体制タイプ

　自治体の施策プロセスには、地域課題を見つけ自治体として対応するか否かを決定する「課題設定」の段階、課題の背景分析や地域資源の状況などを踏まえて施策案を作成し、決定手続きに乗せて正式決定する「検討・決定」の段階、実施に必要な細則や基準を設定し実施する「実施」の段階の過程がある。このため施策体制の分析には、この3つの過程を丁寧に押さえる必要があり、なかでも、市町村の特性を活かした施策の内容を形成していくのが「検討・決定」の段階のため、この段階の施策体制に特に注目することにした。

　調査結果を分析すると、事例地の施策体制には次の3つのタイプがあった。第1に、施策を担当した市町村職員がキーパーソンになって施策を具体化した「実務職員型」。第2に、民間企業のスタッフがキーパーソンになり自治体の施策を具体化した「民間活用型」。第3に、施策の内容検討を集中的に行うための一時的な委員会を自治体が設置し、委員会メンバーになったキーパーソンが施策を具体化した「委員会型」である。実務職員型は中川町と日南町、民間活用型は飛騨市、委員会型は郡上市と豊田市の各施策である。（表5‐1の右側）。これらはそれぞれ特徴を持っていたので、タイプごとに自治体の施策プロセスと施策体制、地域の人材について、次節から見ていきたい。なお、実務職員型と委員会型には複数の自治体・施策があるため、本章では施策プロセスを紹介する事例は、実務職員型は中川町の木材利用の施策、委員会型は郡上市の森林ゾーニングの施策とする。[22]

---

[22]——本章で紹介できなかった日南町、郡上市の皆伐施業ガイドライン、豊田市の施策プロセスの詳細については、鈴木春彦・柿澤宏昭「市町村森林行政における施策形成・実施の体制と地域人材の役割」、2021年を参照のこと。

２．市町村の施策体制：実務職員型（中川町）

課題設定プロセス

　中川町は天塩川流域の交通の要所で、かつては林業で栄えた町だったが、1960年代後半から国有林の伐採量が減少すると製材工場が相次いで閉鎖するなど林業は衰退し、併せて過疎化にも悩まされるようになった。地元森林組合が2006年に広域合併し、それまでのような森林組合に頼った町有林の施業管理ができなくなっていた。2008年に林務担当に配属された町職員の髙橋直樹さん（第１章５節で紹介）は、この状況に危機感を覚え、町有林管理の方向性について模索するようになった。

　その過程で、北海道大学北方生物圏フィールド科学センターの研究林（以下、北大研究林）の技術職員の坂井励さん、国有林の若手職員と出会い、問題意識を共有した３人は、地域の林業関係者有志が集まる研究会「North Forest Meeting」（以下、NFM）を2011年に立ち上げた。この研究会で施業や路網、環境教育などの様々なテーマを題材に議論する中で、「地域に適した林業や木材利用のあり方があってよい」と髙橋さんは確信し、中川町の豊富な天然林資源を活かした町有林管理経営方針を検討することとした。

　2011年４月の中川町長選挙で初当選した川口精雄町長は、地元林業グループの代表を長年務めるなど森林に対する思いが強く、就任の挨拶でも農業と並んで林業の新しい挑戦に言及し、林業分野への意欲を見せた。髙橋さんと川口町長は次第に１対１のホットラインで話す関係になり、そこでの協議の中で、広葉樹利用を軸とした森づくりや人材育成、資源利用を進めていく「森林文化の再生」構想を目指していくことが決まった。

検討・決定プロセス

　施策を企画するため、髙橋さんはまず天然広葉樹の品等評価や施業などの技術を身に付けることを考えた。広葉樹の品等評価とは、日本農林規格（JAS規格）に基づき、節の有無や曲がりの大きさなどから、広葉樹を１等～４等に評価する技術のことである。

そこで、町有林での現地指導をNFMで活動をともにする坂井さんに依頼したが、北大研究林の業務として対応することが認められなかったため、髙橋さんは北大研究林との関係を公的な協力関係に発展させたいと考えるようになった。坂井さんを通じて、北海道北部地域に所在する3つの北大研究林を統括する北管理部の吉田俊也教授（部長）に相談し、双方で調整を図った。2012年12月、中川町と北大研究林北管理部との間で、"天然林管理や生物多様性に配慮した森林経営"をテーマに技術支援や人的支援を行う包括連携協定を締結した。

写真5-1　合同調査を実施した町有林。広葉樹の品等評価を行った

　この協定に沿って、2012年度の冬、坂井さんを含む3人の北大スタッフと町有林の合同調査を実施し、髙橋さんは、天然広葉樹の品等評価や生物多様性に配慮した選木技術について、北大スタッフから指導を受けた。選木結果は記録に残し、このデータは、2013年度から始まる家具作家や家具組合との取引の基礎資料として活用されることになった。

　これと並行して、2011年から髙橋さんは、広葉樹材の販売に向けた独自調査にも取り組んだ。広葉樹家具産業が集積している旭川市に設置され、家具の常設展示を行っている旭川家具センターに定期的に通い、家具に使われている木材の樹種や規格に関する調査を行った。そして、北海道産オニグルミで家具を作っている家具作家から椅子を個人で購入し、その縁から家具作家と連絡を取るようになった。木材の色が濃い良質な中川町有林のオニグル

ミを家具作家が気に入り、2013年、中川町との間でオニグルミ材の安定供
給協定を締結した。

　このように、中川町の施策検討は、町職員の髙橋さんが中心になって検討
し、必要に応じて川口町長に判断を仰ぐ形で進められた。北大研究林との連
携協定やオニグルミ材の安定供給協定は髙橋さんが企画力・交渉力などを発
揮して実現し、施策形成のキーパーソンになった。川口町長は髙橋さんの活
動を強力に後押しして、判断に迷った時に相談すると、「基本的にすべて
Go！」というスタンスだった。髙橋さんは、
「町長から期待され、それに応えていくことに充実感を覚えていた」
と言う。

実施プロセス

　中川町の家具作家へのオニグルミ材供給は2013年度に開始した。この取
り組みは地元新聞に取り上げられ、新聞記事を見た旭川家具工業協同組合か
ら「家具組合として中川町の広葉樹材を購入したい」と申し出があり、家具
組合を通して各家具作家や工場への広葉樹材等の供給も始まった。業界内で
の中川町産広葉樹材の知名度は次第に上がり、その他の家具会社、建築会社、
広葉樹専門の合板会社などへも取引先を拡大させた。2018年度までに、樹種・
規格・品質によって、家具用材や建築用材、銘木市への出品、パルプ材、薪
材などの多様な形態で中川町産の広葉樹材を販売するルートを構築し、年変
動はあるが250m^3／年程度を販売している。

　さらに、地域林業や木材利用に関わる人材が町内に不足していることを背
景に、「森林文化の再生」構想に沿った取り組みとして、地域おこし協力隊
制度を活用した人材育成の施策を開始した。2014年からは「木材流通コー
ディネーター」や「木工クラフト作家」など職務内容を限定して募集するな
どの工夫をし、2014年度は3名、2015年度は2名、2016年度は2名を協力
隊員として採用し、木工や薪販売、鳥獣対策や森林に関わるウェブサイトの
デザインなど多様な活動を展開した。地域おこし協力隊の任期が終了した後
も、木工作家や樹皮細工作家として定住し活躍する協力隊員もいて、担い手
育成と地域資源の有効利用は着実に進んでいる。

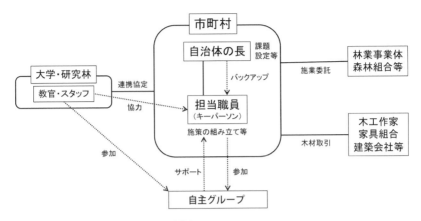

図 5-1　実務職員型（中川町）の施策体制
注：実線は組織内または組織間の公式の関係。点線は人材間の役割の関係性
出典：鈴木春彦『市町村森林行政の現状と施策過程に関する実証的研究』、2022 年 85p の図を一部
改変

実務職員型の施策体制

　以上のような実務職員型（中川町）の施策プロセスにおける施策体制をま
とめると図 5-1 になる。

　実務職員型では、キーパーソンになった自治体職員（髙橋さん）が、施策
の組み立てやネットワーク形成などの役割を担い、自治体の施策形成の中心
的な役割を果たした。北大研究林や家具作家との連携協定は町職員の個人的
な繋がりから施策化したものであり、その内容も町職員の問題意識を反映さ
せた、町職員色の強いものになっている。

　自治体の長である川口町長は、施策の課題設定を自ら行ったほか、担当職
員の提案をすべて承認し、職員が中心となる施策形成・実施を強力にバック
アップした。組織の最終決定権を持っている自治体の長のバックアップは、
林務担当への長期配置という人事面の措置を含めて、職員の持つ企画力など
の能力を存分に発揮させるために重要な要因であった。

　自主研究グループの NFM は中川町の施策形成に大きな役割を果たし、髙
橋さんは NFM で多様な立場のメンバーと様々なテーマで議論したことで、

町独自の方針があって良いという確信を持つことができたとともに、森林・林業に関する幅広い知識を身に付けることができてそれを施策に活かした。また、北大研究林の技術職員の坂井さんと吉田教授らは中川町との包括連携協定の締結に向けて尽力し、締結後も、天然広葉樹の育成の技術指導を行うなど、自治体施策に貢献した。地元の民間林業事業体や森林組合は広葉樹材生産において町に協力した。

　以上のように、実務職員型は、市町村の担当職員を中心としつつも、内部では自治体の長が職員をバックアップし、外部では大学研究機関や自主研究グループ、地元の林業関係者が支える施策体制だった。

3．市町村の施策体制：民間活用型（飛騨市）

課題設定プロセス

　飛騨市は2004年に2町2村の市町村合併により誕生した。しかし、その後も人口減少が進行する中で、行政改革を進めた井上久則市長が2012年に2期目に入り、地域資源を活用した地域振興策を打ち出すことに意欲を示し、担当部署の企画課へ検討を指示したことが独自施策の課題設定になった。企画課に在籍した担当職員の竹田慎二さんを中心に、施策の検討が始まった。

検討・決定プロセス

　竹田さんは、地域おこし先進地だった徳島県上勝町と島根県海士町を視察し、検討を進めたが企画を具体化することができなかった。そんな時に出会ったのが松本剛さんだった。松本さんは、森林をフィールドに様々な事業を展開する地域コンサルタントの(株)トビムシ（本社・東京）に所属し、2011年に飛騨市に移住していた。

　松本さんに相談する中で、竹田さんは施策を具体化するための仕組みが必要と考えるようになり、2年かけて施策検討を行う「地域資源の利活用に関する調査」委託を企画した。これは、市内の地域資源の発掘とその利活用（商品・事業開発）を外部の力を借りて行うというスキームで、市から松本さんの所属する(株)トビムシに委託された。

　委託事業の初年度（2013年度）は、市内の河合地区の住民に対するヒアリング調査を行い、広葉樹材、野草、和紙など地域資源の洗い出しを行った。飛騨市は市域の9割超を森林が占め、中でも天然広葉樹林が多いことから、「広葉樹材の利活用は当初から想定していた」と竹田さんは言う。河合地区に焦点を当てたのは、(株)トビムシが岡山県西粟倉村で展開する事業をモデルにして検討を進めたからであり、当初は西粟倉村と人口規模が近い河合地区に拠点施設を設置する構想だった。

　2年目は、地域資源の有効活用について経験を持つ3社に(株)トビムシから声をかけ、それぞれと事業化の検討を行い、その中の1社である(株)ロフ

トワークの案で具体化していくことになった。(株)ロフトワーク(本社・東京)は、デザイナーや建築家などのクリエイターをネットワークし顧客とつなぐことでビジネスを展開する会社である。

「針葉樹と違い、多様性のある広葉樹材には商品開発や市場の開拓が必要と考えていたため、数万人のクリエイターネットワークを有する(株)ロフトワークは魅力的だった」

と松本さんは言う。

(株)ロフトワークとともに、クリエイターのモニターツアーや広葉樹製品の試作品づくりを行う中で、豊富な広葉樹資源と木材加工技術の歴史を持つ市の強みを活かすために、広葉樹材利用に焦点を絞ることが決まった。また、交流人口を重視するという観点から、拠点施設はアクセスが良く伝統的な街並みの残る飛騨古川地区にすることなどが決まった。最終的に、広葉樹利用の拠点になる「(株)飛騨の森でクマは踊る(以下、ヒダクマ)」を第3セクター方式で設立し、小径広葉樹利用を中心にした木製品の開発・販売、企業やクリエイター向けの合宿・滞在事業、ものづくりカフェ「FabCafe Hida」での地域交流という3つの事業の企画が固められた。

市の内部決定プロセスでは、ヒダクマの設立が全国でも失敗例の多い第3セクター方式で、組織内の意思決定のハードルが高いと考えられたことから、2014年10月に市長・副市長・農林部長ら市幹部を集めた調査委託の成果報告会を開催し、市幹部の懸念を低減させ理解を深めた。議会説明などの必要手続を経て、2015年3月に最終的な市長決定に至った。

飛騨市の検討体制は、市と地域コンサルタントの(株)トビムシ、そして後半の検討では(株)ロフトワークが参加する3者連携によるものだった。施策の具体化にあたっては、(株)トビムシの松本さんと(株)ロフトワークの経営者が内容検討のキーパーソンになった。利活用調査の前半は、松本さんが岡山県西粟倉村をモデルにして検討を主導したが、後半では(株)ロフトワークが参画したことで、この2名が中心になる体制に変化した。

自治体職員の竹田さんは担当者として、調査委託事業とヒダクマ設立の決定に関する自治体側の実務を担った。さらに、民間のキーパーソンが具体化した施策内容を自治体内部で説明することで自治体に意思決定を促す役割を

写真 5-2　古民家を再利用したヒダクマ事務所（写真提供：松本剛氏）

果たした。竹田さんの上司の課長補佐は、前述の成果報告会を竹田さんと相談して企画したり、幹部や議会への説明などが緊張してうまくできなかった竹田さんをサポートして課長補佐が補足説明するなど、自治体内部の意思決定の際に役割を果たした。同施策の課題設定をした井上市長は、施策形成を後押しして、2期目の任期切れの前年度にヒダクマ設立を決定し、任期内での事業化を実現させた。

実施プロセス

　2015 年 5 月、飛騨市・（株）トビムシ・（株）ロフトワークが出資する第 3セクターのヒダクマが設立され、内容検討段階で中心となった（株）トビムシと（株）ロフトワークが 2 人ずつ役員を出してヒダクマの経営陣を構成し、（株）ロフトワークの経営者が社長、（株）トビムシの松本さんは取締役になった。従業員は事業展開に合わせて徐々に増やして 11 名（2021 年 3 月調査時）である。市は設立時に筆頭株主になったが、基本的には経営に口は出さないスタンスで、竹田さんを窓口に必要に応じて相談に乗っている。

ヒダクマは、2016年4月に「FabCafe Hida」をオープンさせた。木製品の開発・販売事業は、(株)ロフトワークのネットワークを活用し、都市部のオフィス内装等で小径広葉樹材を効果的に利用した施工を行っているほか、デザイン性を重視した椅子やキャットタワー（猫用の家具）など、注文に応じた個別製品の製作も手掛けている。ヒダクマ設立3年目の2017年度に経営の黒字化を達成した。

　飛騨市は、2016年度に市内の広葉樹の資源状況の把握調査を実施し、大径広葉樹が少ない現状を把握した上で、今ある小径木広葉樹の新しい利用法を検討していくこと、用材として利用可能な目標到達期に向け価値ある広葉樹を育てることを2本の柱とする「広葉樹のまちづくり」方針を打ち出した。

　2017年には、町内の川上から川下の関係者が一堂に会する「広葉樹のまちづくり円卓会議」を設置して、広葉樹の活用に関する協議を行うことにした。さらに、小径広葉樹の新たなサプライチェーン構築を目的とした広葉樹活用推進コンソーシアムを2020年6月に16事業者等と市により設立し、広葉樹の利用拡大に向けた取り組みを進めている。

　課題設定段階から関わる市職員の竹田さんは引き続き同施策を担当し、「広葉樹のまちづくり」方針の設定や円卓会議やコンソーシアムの設立など関連の取り組みを担っており、施策を具体化するキーパーソンになった。ヒダクマの松本さんは円卓会議やコンソーシアムの主要メンバーとして参加し、地元の製材工場や森林組合などはヒダクマに木材を供給するなど市施策に協力している。

民間活用型の施策体制

　以上のような民間活用型（飛騨市）の施策プロセスにおける施策体制をまとめると図5-2になる。

　民間活用型では、自治体から調査事業の委託を受けた民間コンサルタントのスタッフ等が施策のキーパーソンになった。松本さんたちは、民間企業の持つノウハウやネットワークをフル活用して、ヒダクマの事業や組織に関する企画を組み立てたほか、施策実施に必要なクリエイターや地元の製材工場等との連携体制を構築した。実施段階においても、設立されたヒダクマの経

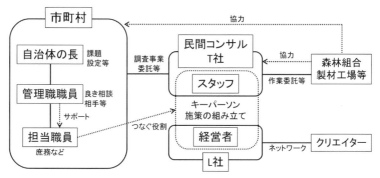

図 5-2　民間活用型（飛騨市）の施策体制
注：実線は組織内または組織間の公式の関係。点線は人材間の役割の関係性。
出典：鈴木春彦『市町村森林行政の現状と施策過程に関する実証的研究』、2022 年：87p
の図を一部改変

営者として2名は施策実施主体となった。

　市職員の竹田さんは、調査委託事業を企画して自治体施策を民間主導で検討できる「場」を作るとともに、キーパーソンのアイデアや知見をキャッチアップして自治体内で合意形成を図るなど、キーパーソンと自治体をつなぐ役割を果たしていた。自治体の管理職である課長補佐は竹田さんの良き相談相手となってサポートし、自治体の長である井上市長は、自ら施策の課題設定しつつ、最終的に施策を決定した。

　以上のように、民間活用型は、民間コンサルタントが中心となって施策を組み立て、そこに地域の林業関係者が協力する体制が形成された。自治体職員は自治体と外部キーパーソンをつなぐ役割等を担い、管理職職員や自治体の長がそれをバックアップした。

4．市町村の施策体制：委員会型（郡上市）

課題設定プロセス

　郡上市の森林ゾーニングは、2011年の森林法改正で市町村森林整備計画のゾーニングに新たな森林区分の設定が求められたことから、市が設置する「郡上市森林づくり推進会議」（以下、推進会議）において議論が始まった。2014年に森林経営計画制度が改正され、区域計画が登場して市内全域での森林経営計画の樹立が視野に入り、森林ゾーニングと森林経営計画の策定を合わせて議論することになった。

　また、地域課題として、市内で大型製材工場の稼働が2015年度から予定されており、市内森林の木材生産ゾーンを明確にして計画的に生産することが求められた。災害防止を目的とする環境保全ゾーンを設定すべきという意見も推進会議で出された。

　2015年3月、推進会議は、市内の森林ゾーニング案を作成すること、森林経営計画案は森林ゾーニング案に沿って作成し推進会議で協議した上で策定すること、これらの検討を行うワーキング組織を設置することを柱とする提言書を市長に提出し、市は森林ゾーニング策定に向けて動き出した。

検討・決定プロセス

　森林ゾーニングの検討を指示されたものの、市担当職員の日置欽昭さんは、当初はどう検討を進めて良いか分からなかった。手探りで県内の専門家に相談する中で出会ったのが、県森林研究所の研究員の臼田寿生さんだった。郡上市の施策検討内容と臼田さんの研究分野が合致したことからやり取りを進め、ゾーニング検討のために設置した「郡上市森林ゾーニング検討会議」（以下、ゾーニング会議）に臼田さんが参加することが決まった。

　ゾーニング会議は、森林経営計画を作成する森林施業プランナーを中心にメンバー選定することとし、地元の森林組合等の事業体の森林施業プランナー8名、県森林研究所の研究員3名（臼田さん含む）、県出先事務所職員2名の計13名で構成された（うち2名は推進会議委員）。ゾーニング会議は

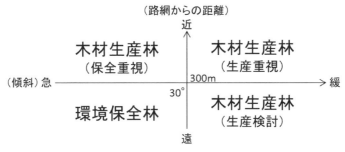

図 5-3　地形・地利によるゾーニング区分
資料：郡上市森林ゾーニング会議資料を参考に筆者作成

2016 年度に 7 回開催され、第 3・4 回会議において地形や地利の 2 軸で分ける基本コンセプトを臼田さんが提示したことによって、議論が具体化した。これは、傾斜（基準は 30°）と路網からの距離（基準は 300 ｍ）という 2 軸で森林を 4 つに区分し、環境保全林・木材生産林（保全重視）・木材生産林（生産重視）・木材生産林（生産検討）とする内容だった（図 5-3）。環境保全林は環境保全を重視して木材生産を原則想定しないゾーンで、木材生産林（保全重視・生産検討）は災害リスクに配慮した施業や路網開設が求められるゾーンである。第 5 回会議では現地検討を行い、基本コンセプトによるゾーニングが現地環境と適合するかという観点で議論された。これらを経て 2016 年度末、ゾーニング会議は森林ゾーニング方針を取りまとめた。

　2017 年度に、日置さんがこの方針に沿って森林経営計画単位でゾーニングの案を作成し、森林組合等の事業体や大規模所有者と調整を図った上でゾーニング会議を計 4 回開催してこの案の合意を形成した。その上で、市全域の森林ゾーニング案を推進会議において協議して決定した。その後、公告縦覧など必要な手続きを進めて、ゾーニングを市森林整備計画に組み込む変更を行った。これに合わせる形で、既存の各森林経営計画も変更認定した。

　県森林研究所の臼田さんは、4 区分という基本コンセプトの提供やゾーニング会議での説明など議論を一貫して主導し、また市職員の個別相談に乗るなど、施策形成のキーパーソンになった。

　市職員の日置さんはゾーニング会議の立ち上げから会議運営、市森林整備

計画への位置づけなど実務を担った。日置さんは GIS のフリーソフトの使い方を独学で身につけて、臼田さんの示した 4 区分のコンセプトを反映させた市内森林のゾーニングマップを作成するなど、キーパーソンの示した知見や方向性を理解し、次回の会議資料に反映させて議論を前に進めていく役割を果たした。

「郡上市の日置さんらが熱心だったので、それに応えなければという気持ちになった」

と臼田さんは言う。

日置さんの上司の河合智さん（主幹）は、ゾーニング会議での論点整理や日置さんの相談に乗るなどサポートし、県出先事務所の普及職員は施策形成の各プロセスで丁寧にサポートした。

実施プロセス

郡上市の森林ゾーニングは、2017 年度に市森林整備計画に組み込まれたことで、森林経営計画作成の際の依拠すべき基準となっている。さらに、岐阜県の森林環境税事業と国補助事業の事業地の区分けの基準としても用いられている。

ゾーニングの変更の必要性がある場合は、森林所有者や森林組合等の事業体からゾーニング変更届を提出してもらい、推進会議で協議した上で、市森林整備計画ゾーニングを変更する対応を取っている。また、市内の森林組合や民間林業事業体を対象に、県森林研究所の臼田さんらを講師とする森林ゾーニングに関する研修会を毎年開催している。

郡上市の常設委員会（推進会議）は施策の進捗管理の役割を果たし、ゾーニング会議メンバー 2 名が常設委員会の委員を引き続き務め、議論の継続性が担保されていた。郡上市の推進会議は年 3 回開催され、森林ゾーニングの変更はその都度協議されて、特に環境保全林から木材生産林への区分変更のケースでは、災害リスクに配慮した施業が計画されているかという観点から議論されている。

日置さんは実施段階で異動になってしまったが、上司の河合さんが施策理念に沿った運用を担保して、担当者をバックアップしている。

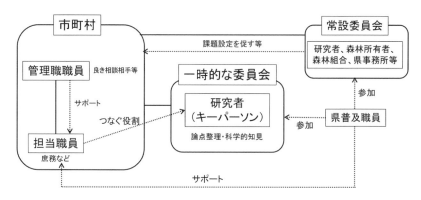

図 5-4　委員会型（郡上市）の施策体制
注：実線は組織内または組織間の公式の関係。点線は人材間の役割の関係性
出典：鈴木春彦『市町村森林行政の現状と施策過程に関する実証的研究』、2022 年：84p の図を一
部改変

委員会型の施策体制

　以上のような委員会型（郡上市）の施策プロセスにおける施策体制をまと
めると図 5‐4 になる。

　委員会型では、常設の委員会（推進会議）と、施策検討を集中的に行うた
めに設置された一時的な委員会（ゾーニング会議）の 2 つの委員会があり、
常設委員会は課題設定と進捗管理、一時的な委員会は内容検討という役割分
担で施策が形成された。

　施策のキーパーソンは一時的な委員会に参加した研究者が担い、臼田さん
は科学的な視点から施策の基本コンセプトを提供するなど、ゾーニング会議
の議論を一貫して主導し、実施段階においても、市主催の研修会の講師を務
めるなど継続的に施策に関わっていた。

　職員の日置さんは、ゾーニング会議の運営から市森林整備計画の変更など
の実務を担ったほか、キーパーソンの示した知見や方向性を理解して会議資
料に反映させるなど、外部のキーパーソンを補佐する役割を果たした。

　日置さんの上司で管理職職員の河合さんは、施策プロセスの各事案に対し
て担当職員の良き相談相手となり、日置さんが判断に迷った時に対応方針を

示すなど担当職員をサポートした。また、実施段階で林務担当を離れた日置さんの代わりに、施策理念に沿った運用を担保し施策を継続させる役割を果たした。

　また、県出先事務所の普及職員が、常設委員会や一時的な委員会に参加して議論の進展に貢献したとともに、現場への同行などで市の施策をサポートした。

　以上のように、委員会型は、自治体が設置した委員会の場で施策形成が図られ、一時的な委員会に参画した研究者が施策のキーパーソンになった。担当職員は、管理職職員のサポートを受けつつ自治体と外部キーパーソンをつなぐ役割をし、地域の林業関係者、県普及職員が協力する施策体制だった。

5．施策体制タイプの特徴と地域人材の果たした役割

施策体制タイプの特徴とキーパーソンの役割

　前節までに見たように、市町村の独自施策の体制には実務職員型、民間活用型、委員会型の3つがあった。ここからは、本章2〜4節で紹介できなかった表5-1の他の施策も含め、市町村の施策体制タイプの特徴として次の4点を指摘したい。

　第1に、各タイプの施策は、それぞれ特徴を持った検討体制を構築する中で、施策が具体化されていったという点である。実務職員型は、自治体の担当職員が企画力や専門性を活かしつつ、関係者と協力関係を構築することによって施策を具体化していた。民間活用型は、委託調査事業を受託した民間コンサルタントが、広葉樹材の付加価値のアイデアを持つクリエイターのネットワークを持つ別の民間企業を巻き込み、民間企業の持つアイデアやネットワークを存分に発揮する体制を作って施策を具体化していた。委員会型は、地域の林業事業体や研究者、県出先事務所等から成る一時的な委員会で、現地検討を含めた会議を重ねることによって、関係者間での合意形成を図りながら施策を具体化していた。自治体内部の担当職員、委託調査事業を受託した民間コンサルタント、自治体が設置した一時的な委員会が中心となる体制の中で、それぞれ独自施策が形成されていたのである。

　第2に、各タイプの施策形成において、施策のキーパーソンがそれぞれの強みを活かして貢献していたという点である。各タイプにおける施策のキーパーソンは、実務職員型では自治体の担当職員が施策の組み立てや施策に必要なネットワーク形成において、民間活用型では民間企業のスタッフが施策の組み立てやネットワーク形成において、委員会型では常設委員会の委員や研究者が一時的な委員会に参加して、論点整理や科学的知見の提供などの面において施策に貢献していた（表5-3）。これらキーパーソンは、自治体職員は施策形成の各過程に直接的に関わることができる立場、民間企業スタッフは民間の持つノウハウ、研究者は自らの専門性など、それぞれの持つ強みを活かしながら、施策形成を主導した。また、キーパーソンの多くは実施段

階でも、担当職員などの立場、第3セクターの経営者、常設委員会の委員、研修会の講師、自治体の相談相手などの立場で自治体の施策展開に貢献していた。

第3に、自治体が取り組んだ施策分野や自治体の基礎的な性格が、施策の検討体制を規定していた点である。中川町と飛騨市が取り組んだ「木材利用」分野は、広葉樹材の商品開発力や販売先の開拓という、技術力や固有のネットワーク形成が求められる分野であり、そこでは中核となる人材と木材販売に関わるネットワーク作りが不可欠となる。飛騨市では市長のトップダウンで取り組んだことから、民間企業スタッフを中核としたネットワーク形成による施策の具体化が市長らの決断で可能となり、一方、中川町では担当職員髙橋さんの個人的な思いから取り組みを開始し、町長のバックアップを受けながら担当職員が中核となる独自のネットワークを形成した。

一方で、委員会型の2市が取り組んだ森林ゾーニングやガイドラインの「森林計画・施業規制」分野は、施策実施の影響が市内森林の全域に及ぶことから、地域関係者等の間で合意形成を図っていく必要があり、一時的な委員会という「場」がこの役割を果たした。さらに、2市においては、より幅広い関係者の集まる常設委員会が課題設定と進捗管理を行っていたことが合意形成を図る上でも重要であり、施策分野に合致した検討・実施の体制が構築されていたと指摘できる。

施策の検討体制は自治体が持っている基礎的な性格にも左右され、たとえば委員会型では常設委員会や一時的な委員会の運営には労力を要するため、自治体の林務体制の人的余力が必要である。委員会型の2市は林務体制8名以上と規模の大きな自治体だった。

第4に、各タイプの施策形成を可能にした共通の要因として、地域における協力体制が構築されていたことが挙げられる。委員会型では委員会に参加した地元の林業事業体・森林所有者・県出先事務所など、実務職員型・民間活用型では施策に協力した森林組合・林業事業体・製材工場・大学などの地域関係者との協力体制が構築されたことで、各自治体の施策形成が可能になった。

表5-3　地域人材の特定と施策形成に果たした役割

		施策名	キーパーソン			実務職員		
			立場	果たした役割	役職等(注1)	果たした役割(注2)	採用形態	経験年数(注3)
委員会型	郡上市	皆伐施業ガイドライン	委員会委員	問題提起や論点整理	主査	庶務、外キを補佐、内部の意思決定に貢献	一般事務職	6
		森林ゾーニング	研究者	問題提起や論点整理、基本コンセプトの提供	主任主査	庶務、外キを補佐、外キの意欲を引き出す、内部の意思決定に貢献	一般事務職	5
	豊田市	森林保全ガイドライン	研究者	科学的知見の提供、論点整理	担当長	庶務、施策検討の場を設定、外キを補佐、外キの意思決定に貢献	専門職(林業)	8
実務職員型	中川町	広葉樹材の販売ルートの構築	実務職員	施策の組み立て、ネットワーク形成	主任	庶務、施策の意思決定、内部の意思決定に貢献	一般事務職	6
	日南町	にちなん中国山地林業アカデミー	実務職員	施策の組み立て、ネットワーク形成	科長	庶務、施策のキーパーソン、内部の意思決定に貢献	専門職(特命)	2
民間活用型	飛騨市	(株)飛騨の森でクマは踊る	民間コンサル等	施策の組み立て、ネットワーク形成	係長	庶務、施策検討の場を設定、外キの意思決定に貢献	一般事務職	3

注1：施策を策定・設立した年度の実務教員の役職。主任主査・担当長は係長級、科長は管理職。

注2：「外キ」は外部キーパーソンの略。

注3：施策を策定・設立した年度における実務教員の林務または同施策の担当経験の満年数。

出典：鈴木春彦ら「市町村森林行政における施策形成・実施の体制と地域人材の役割：5自治体の独自施策を事例として」、2021年：35pの表を一部改変

自治体の担当職員が果たした役割

　次に、自治体の担当職員が果たした役割について明らかにしていきたい。自治体職員は、独自施策の形成に関わって次の6つのいずれかの役割を担っていた（表5-3）。

　第1に、部会運営や予算・委託契約・支払い、関係機関との調整、資料作成などの「庶務」の役割である。第2に、一時的な委員会の設置や委託調査事業を発案し、そこに参画する人材・組織を確保するなどの「施策検討の場を設定」する役割である。第3に、施策の主要アイデアの提供や組み立て等を通して施策形成を主導する「施策のキーパーソン」の役割である。第4に、外部のキーパーソンの知見や論点整理をキャッチアップして会議資料を作成し、会議準備などを行う「外部キーパーソンを補佐」する役割である。第5に、本章4節で郡上市の外部のキーパーソンの臼田さんが担当職員の熱心な姿に「応えなければという気持ちになった」というように、外部の人材が自治体施策に積極的に関わろうとする「外部キーパーソンの意欲を引き出す」役割である。第6に自治体内の施策決定プロセスにおいて的確な資料を作成し、説得力を持った説明を行って自治体の「内部の意思決定に貢献」する役割である。

　これら自治体職員が果たした役割の中で、自治体の施策形成において第3の施策のキーパーソンの役割が重要になる。また、さらにもう1点注目したいのは、委員会型と民間活用型の担当職員が担っていた、外部キーパーソンを施策形成の場に引き込み、これを補佐し、その意欲を引き出すことに関わる、外部キーパーソンと自治体をつなぐ役割である。市町村の林務体制が質・量ともに脆弱である現状においては、外部キーパーソンの施策への参加と貢献が、今後の市町村の独自施策の進展にとって大きなポイントになるからである。

　2018年度市町村アンケート調査では、22％の市町村が住民や関係者から意見を聴取する常設の会議体を設置していると回答し（鈴木ら、2020年：56p）、これらの自治体では委員会型の施策形成の可能性が出てきている。また、森林環境譲与税などを活用して、計画作成や施策立案などについて民間コンサルタントに委託する動きが出てくることも想定される。これらの動き

を自治体の独自施策の進展につなげていくために、本研究の委員会型、民間
活用型の担当職員が担っていた、外部キーパーソンと自治体をつなぐ担当職
員の役割に注目していく必要がある。

　以上のように、事例地の独自施策は施策形成にかかわる主体の協力関係が、
最も良好に発揮されるように３つのタイプが形成されていた。市町村の人材
配置等の状況に応じ、担当職員の人材育成を図りつつ地域における協力体制
を構築し、地域課題に沿った独自施策を市町村が展開していく必要があるだ
ろう。

第6章　フォレスターの未来

1．苦境に立つ日本林業

ハワイ旅行の夢

「将来、植えた木が成長したら伐採して、そのお金でハワイ旅行に行こうと
思っていた」

　自分の山に植林した当時を振り返って、山主がこのように話すのを何度も
聞いた。日本各地で植林の全盛期だった1950〜60年代は、固定相場制の1
ドル＝360円という超円安水準で、海外旅行は現在よりも格段にハードルが
高く、お金持ちだけが行ける高嶺の花だった。中でもハワイはそのシンボル
的な存在で、山主たちは木材価格の上昇に期待に胸を膨らませて、苗木や唐
鍬を担いで、所有地に植林したのである。

　しかし、この話にはオチがある。

「その後、木材価格が右肩下がりで安くなったから、ハワイ旅行は幻になっ
ちゃった」

「でも、その後、円高が急速に進んだので、なんとかハワイ旅行には行ける
んじゃないですか」と返すと、

「いやぁ、今の木材価格じゃ、無理だな。せいぜい（隣町の）スナック・ハ
ワイで飲むくらいだな」

　最初にこの話を聞いた時、話のオチにウケてしまったので、この山主の笑
い話として印象に残ったが、その後、他の山主からも同じような話を聞くに
つれ、ハワイ旅行の夢が当時、山主間で共有されていたことを知った。そし
て、植林という行為が、もっといえば林業という行為自体が、その夢を託す
に値する対象として存在できた時代が、かつて、確かにあったのだというこ
とを実感した。当時は、30〜50年後にスギ・ヒノキ・カラマツの伐採時期

が来ることを、山主は大いに楽しみにしていたのである。

戦後の木材価格の高騰

「林業利率」という言葉を山主が使っているのを聞いたこともある。この言葉は、林業において経営計算をする際の設定利率のことだが、山主は銀行にお金を預ける時の預金利率のような意味で用いており、

「当時は林業利率が6〜10％と言われて、銀行に預けるよりも植林した方がよっぽど良かったんだ」と言う。

　仮に預金利率が年利10％もあるとすれば、100万円を預ければ1年目には10万円の利子が付き、それが複利式に増えていって、8年目には元利合計が200万円を超える。一定期間が経てばお金が倍以上に増えるのだから、投資先としてこれほど魅力的な対象はない。

　当時は、戦後復興で急拡大する住宅需要に木材供給が追いつかず、品薄となった木材の価格が急騰した。特殊状況下のインフレ局面に、森林・林業関係者は沸き、全国で林業活動が活発になった。山間地域に豊富にあった安い労働力の存在が、これを支えていた。戦後、上昇の一途を辿った素材価格は1980（昭和55）年、ついに、ヒノキ 76,400 円／㎥、スギ 39,600 円／㎥の高値まで上り詰めた。[23]

　豊田市の森の現場を歩くと、「よくまあ、こんな所にまで木を植えたなぁ」と驚くような、立木に摑まってよじ登らないと進めないような急傾斜地や、道から遠い奥地の人工林に出くわす。空身で歩いていても恐怖を感じるような急傾斜地もあって、そのような場所での植林は、山主にとってまさに、命がけの作業だったであろう。高い木材価格が山主の植林意欲を刺激し、このような危険地帯や条件不利地への植林に向かわせたのである。

林業経営は可能なのか

　しかし、経済は波形を描いて変動する。高い林業利率がいつまでも続くはずはなかった。林業は銀行預金とは異なり、元本割れしてしまう。さらに、木は成長するまで基本的に売ることはできず、下げ相場で損切りなどの機動的な対応が難しいという大きな弱点を持っている。

　1980 年を境に、住宅需要の減少や外材輸入の増加などの影響で、木材価格は下落を始め、その後の価格推移は右肩下がりの曲線を描くようになった。2010 年以降は低位安定している様相で、2020 年の素材価格はヒノキ 17,200 円／ m^3、スギ 12,700 円／ m^3 になっている。これはピーク時と比べてヒノキは約 4 分の 1、スギは約 3 分の 1 の価格で、素材価格が本格的に上昇し始める前の、1960 年代前半と同じ水準である。[24]

　その一方で、森林作業員の人件費は上昇し、1990 年代以降は横ばいで、その水準が維持されている（それでも、製造業などと比べると低い水準）。

写真 6-1　急傾斜地の植林地。豊田市では珍しくない

　売値が下がり、生産コストが上がれば、当たり前のことだが、その事業の収益は悪化する。近年、通常の林分では利用間伐の収支の多くは赤字であり、皆伐においても利益率は著しく低下し、皆伐自体の収支は黒字になっても、次の森林造成に向けた再植林の意欲は沸かない。これを補助金投入によって何とか辻褄を合わせて各事業を実施しているというのが、日本林業の実状だ

　23——本節の素材価格は農林水産省「木材需給報告書」による。素材価格とは丸太の価格のことで、本節で示した価格は太さ 24 〜 28cm、長さ 3.65 〜 4.0m の中丸太である。

　24——アメリカ市場の影響を受けて、2021 年春から国内の木材価格や製品価格が上昇して「ウッドショック」と呼ばれているが、この影響がいつまで続くのかなど、今後の動向を注視していく必要がある。

ろう。

　日本最大の森林所有者で、最大の林業経営体である国有林は約3兆8,000
億円の累積債務を抱えるようになり、戦後維持してきた独立採算制を前提と
した企業的な会計制度を、1998年に断念せざるを得なくなった。また、皆
伐時に収益が上がることを前提に、都道府県が設立した林業公社も大きな債
務を抱え、2010年代には14府県における15の林業公社が解散・合併、債
務整理、府県営化などに至っている。これらは、それぞれ固有の経過と要因
はあったものの、日本において長期的な林業経営が可能なのかという問いを、
我々に突き付けたショッキングな出来事だったと言える。

　森の時間と経済の時間は異なる。森は30年〜50年以上の期間をかけて、
ゆっくりと成長する「超長期」の時間世界に存在しているのに対し、グロー
バル経済は日々刻々と変化する「超短期」の時間世界に存在している。この
異なる2つの時間世界は、水と油ほどの違いがあるのだ。森と経済が、平和
で、友好的な関係を長期間にわたって築くことができるか否かは、林業の本
質論として問われ続けなければいけないテーマである。そして、その検討は、
日本林業が歩んできた重い歴史をわれわれが直視し、森と経済の時間の違い
という問題を鋭く認識することから始まる。

２．山主の山離れ

しばらく山に行っていない

　前節で見たように日本林業はいま苦境に立たされているが、財産形成を目的として植えた木がその経済的価値を失えば、山主が所有林への関心を失っていくのは、ごく自然の流れだった。

「しばらく自分の山に行っていない。森がどういう状況か分からない」

　と山主が言うのは、今ではごく日常的な光景になっている。

　以前、70歳代の山主と一緒に現場を歩いていた時、

「ここは、苗木を背負って自分が植えたスギ林だけど、それ以降は一度も来ていない。ここには50年ぶりに来た」

　と説明されて、（植栽後の管理として必要な）下刈すらやっていないんだ、と驚いたことがあった。実際にその森は、初期保育を実施しなかったことで隣接地から広葉樹が侵入し、スギと広葉樹の混ざる針広混交林になっていた。親から名義上、森を引き継いだだけで、「自分の森に一度も行ったことがない」と言う若い山主もいる。

　山主の声には、この他にも「木材価格が上がらない限り、今後も放置していく」「売れるものであれば、山林を早く手放したい」などがある。

　山主が所有林への関心を失い、森から足が遠のいていく「山離れ」の状況はデータからも見て取れる。私の手元に、中部地方に所在する森林組合が、組合員の山主800名を対象（回収率47％）に2014年度に実施したアンケート調査結果がある。

　これによると、「毎年1回以上、所有山林に行く」と答えた山主は29％で、それ以外の約7割の山主は毎年行かずに疎遠になっており、そのうち「（所有林に）行ったことがない」と答えた人は、なんと25％もいるという結果になった。自分の所有している土地に、一度も行ったことがない山主が4分の1も存在しているのである。

　別の設問では、所有山林について「場所は分かるが境界は分からない」は40％、「場所も分からない」は10％で、山離れによって約半数の山主が所有

写真 6-2　手入れ不足の過密林。山主の山離れでこのような人工林が存在する

山林の境界等が分からなくなっていた。

　アンケートに答えた組合員の年齢構成は、60歳代以下は53%、70歳代は27%、80歳代以上は19%であり、山主の異動（父→子など）が着実に進行しつつある一方で、その他の山主の高齢化が進んでいることが分かった[25]。

　自ら苗木を背負って、唐鍬で土を掘って一本一本を植えた世代には、自分たちの森に愛着を持っている山主が多い。この世代の中には、その後の下刈や除伐、枝打ち、1〜2回目の切捨て間伐などの保育作業を自ら実施した山主もいる。利用間伐の時期になっても、伐採・集材までを自分で行い、その後の販売は森林組合に委託する山主も一部にはいた。所有林の広葉樹を伐採して、シイタケやマイタケ、ナメコなどのキノコ栽培にいそしむ山主も多くいた。かつての山主は、年に何回も、多い人は毎日のように所有林に足を運び、森と深く関わってきたのである。

森林所有の空洞化

　これらの熱心な山主が、所有林から離れていく転機はこれまで何度かあっ

たと思うが、私の皮膚感覚でいうと、直近の転機は2000年前後くらいにあったように思う。この頃から、熱心に所有林に通っていた山主が高齢化や世代交代などで急速に減り始めた。もちろん、現在でも自ら作業をしている山主はいるものの、その数は以前と比べるとずっと少なくなったように感じる。

　植林世代から森を引き継いだ子や孫などの世代は、森の保育や管理、収穫などの作業をほとんど経験していない。そして、この世代は所有林のある実家から離れ、都市部で生活を送っている人たちが多い。今の山主が、林内で作業をするなどの、所有林と深く関わる経験を持たないまま暮らしてきたとすれば、所有林に対して愛情を持つことは難しい。こうして、所有林に行かない山主、所有林の場所や境界が分からない山主、森林組合や民間林業事業体にお任せの山主が増えていくことになる。

　このように、所有林の経済的価値の喪失や都市型社会への移行などにより、所有林への関心・関与が薄れ、山主の山離れが加速している。つまり、所有はしているが、管理をしていない森が全国に着実に広がっているのである。泉英二氏は、山主をめぐるこのような状況のことを「森林所有の空洞化」と呼んでいる（泉、2003年：31p）。

日本の森林の所有構造

　さて、ここで日本の森林所有の全体構造について見てみよう（図6-1）。

　まず、日本の森林は、森林法によって大きく国有林と民有林に分かれ、その比率は国有林：民有林＝3：7である。国有林は、林野庁所管および林野庁以外の官庁が所管する国有林野である。

　全体の7割を占める民有林の内訳は、私有林55％、市町村有林5％、都道府県有林5％、分収林等4％、財産区1％で、私有林が圧倒的なシェアを

25——山主の高齢化や山離れの状況は1990年代には既に生じており、九州大学の佐藤宣子氏は、この時期の林家（山主）の特徴として、林業従事世帯員の減少と高齢化、林業生産活動水準の低下、不在村林家の増加と林地の細分化などを挙げている。しかし、佐藤は同時に、林家の特徴は、人工林資源の成熟度や農業経営基盤などで規定される地域性を考慮する必要があるとも述べている（佐藤、2001年：1057p）。

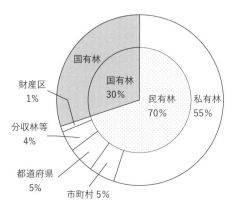

図6-1　日本の所有区分別の林野面積割合
出典：2000年世界農林業センサスを元に筆者作成

表6-1　日本の森林所有面積ランキング

順位	所有者	面積（ha）	割合
1	林家	8,372,933	33.6%
2	国有林	7,383,793	29.6%
3	会社	2,239,789	9.0%
4	慣行共有	1,545,092	6.2%
5	市町村	1,335,167	5.4%
6	都道府県	1,222,931	4.9%

出典：2000年世界農林業センサスを元に筆者作成

誇っている[26]。さて、その私有林の内訳は林家、会社、慣行共有[27]、社寺などであり、その割合は……と書き進めたいところだが、実は、ここの各主体の正確な面積データは日本には存在しない。そのため、既存の関連データを用いて機械的にこの面積を計算するしかない。私有林の各主体の面積をそうやって算出し、これに国有林、公有林等の林野面積を入れて、所有面積の大きい区分から順に並べたものが表6-1である[28]。

　この結果を見ると、1位は林家（本書でいう山主）で全体に占める割合は33.6％、2位は国有林で29.6％とこの2つが突出しており、その他はシェア率10％未満で割合は低くなっている。つまり、日本の森林の所有構造は、林家と国有林が2トップで大きな地位を占めており、中でも、林家は堂々たる第1位のシェアなのである。しばしば、日本の森林形態の特徴として、小規模所有、複雑な所有界、境界不明地、成育の異なる分散配置などと言われるが、この言説は林家が面積でトップシェアであることを主な根拠とし、林家（山主）の所有形態を日本全体の森林の特徴として表現しているのである。

　もちろん、この面積割合はあくまで日本全体の集計値の結果である。各地域、各市町村における所有構造は様々であり、林家割合、または国有林割合が低い地域が各地に存在していることは押さえておきたい。このような地域の多様性を前提としたうえで、林家面積が一定以上を占めている地域では、林家（山主）の山離れに対してどのように向き合っていくのかが課題になっている。フォレスターの果たす役割が重要になってくるだろう。

26——分収林等は元緑資源公団、都道府県が設立した林業・造林公社などが所管するもの。財産区は市町村等が財産を有するもので、地方自治法の特別地方公共団体として規定されて原則として市町村長を管理者とするが、実際は管理会や総会によって管理されていることが多い。

27——慣行共有とは、林家以外の林業事業体のうち、共有や字・区、組合、社寺などの名義で、昔からのしきたりで山林の管理や利用が行われているなどの条件に当てはまる森林を指す。

28—— 2000年世界農林業センサスには、1ha以上の山林を所有する林家、各林業事業体（会社、慣行共有、社寺など）の面積合計のデータがある。これを用いて私有林の各所有区分の面積割合を計算し、これに私有林の林野面積を掛けて各所有区分の面積を算出した。

3. 地域森林管理の進展のために

フォレスターの育成と確保

　ここまで見てきたように、地域の森林管理の進展に向けて、フォレスターを中心とした管理体制を地域で構築していくことが重要である。それでは、そのような役割を担うフォレスターを、どうやって育成・確保していけばいいのだろうか。ここでは、第5章で取り上げた2010年代の先進自治体を題材にして、市町村職員（市町村フォレスター）の育成と確保を中心に検討したい。

　表5-3（137ページ）の右側は、市町村の独自施策で役割を果たした担当職員6名について、その属性と主な役割をまとめたものである。

　各自治体職員の役職は管理職から係長級、係員まで多様で、採用形態では大学で林学教育を受け、かつ森林・林業の実務経験のある人材を専門職採用したのは豊田市と日南町で2名だった。他の自治体の4名は、林学教育を受けていない、定期の人事異動で林務担当に配属された一般事務職採用の職員だった。施策の策定・設立時における林務担当等の経験年数は、日南町と飛騨市の職員を除けば、林務担当として5～8年を経験した上で自治体施策に貢献していた。

　以上のような結果から、市町村職員の育成・確保について重要なことの第1は、林務担当への職員の長期配置である。先進自治体では、一般事務職として採用された職員が林務担当に長期に配置されたことによって、自身の能力開発や自治体内外の協力体制の構築が可能となった。たとえば、郡上市の皆伐施業ガイドラインを担当した一般事務職職員の松山由佳さん（主査）は、2008年に林務担当に異動した当初は「間伐のことも理解できなかった」と言うほど、森林・林業に関する知識が不足していた。そこから、2009年度に郡上市山づくり構想策定の担当者になり、森林・林業の知識を増やして力量を高め、林務担当5年目から従事した皆伐施業ガイドラインでは外部のキーパーソンを補佐して自治体とつなぐ役割を果たした。5年間の実務経験が、松山さんを市町村フォレスターとして成長させたのである。

　第3章3節の表3-5（75ページ）で見たように、市町村の林務担当は短期間で異動するのが圧倒的主流である。今後の市町村の課題の1つは、この配置期間を少しでも長くして、林務職員の人材育成を図っていくことであろう。

　第2は、自主研究グループでの学びである。中川町や日南町、豊田市の職員は、外部の多様な人材からなる自主研究グループに参加し、そこでの学びによって人材育成が図られていた。

　市町村職員や森林組合のフォレスターが外部の人材とつながることの重要性は、各地の現場でも認識されるようになってきている。たとえば市町村同士の横の連携として、中部地方の自治体が中心になった近畿・東海・北陸市町村森林フォーラム（2014年〜）、北海道胆振（いぶり）東部の市町村で構成される市町村林務担当者連絡協議会などが活動している。また、市町村職員の枠を超えた林業技術者同士の集まりとして、日本型フォレスターの相互交流を目指す全国的な集まりであるフォレスター・ギャザリング（2015年〜）、森林施業をテーマにした全国組織である森林施業研究会（1996年〜）、北海道の森林技術者が集まった北海道森林ガバナンス研究会（2005〜2012年）などがある。このように自主研究グループは地域レベルから全国レベルまで、その設立目的もいろいろだが、横の連携を強く意識して活動している点では共通している。これらの場に市町村や森林組合等の職員が積極的に参加することで、職員の自己研鑽を図っていくことが求められるだろう。

　第3は、自治体による専門職採用である。たとえば日南町では、町営の林業アカデミーの立ち上げのために、島根大学で森林政策分野の博士号を取得した人材を採用して、施策を実現させた。日南町のように施策の開始年度が直近に迫っていて、内部でフォレスターを育成することが困難な場合は、専門職採用が有効な手段となる。全国で林業職採用職員を配置している市町村は全体の8％とまだ少ないが、施策形成を担う人材を確保するためには専門職採用の実施を検討していくべきだろう。

地域における協力体制の構築

　以上のような方法で育成・確保されたフォレスターが、のびのびと地域で

活躍するためには、地域関係者の協力体制を構築することが必要になる。

第5章の先進自治体の事例では、自治体の内・外の人材による協力関係が構築されていた。自治体内部では市町村長や管理職員が担当職員をサポートし、外部では地域の森林・林業関係者や専門家などが連携して、地域における協力体制が構築されていた。ここで重要なのは、市町村施策では、市町村だけが頑張れば良い、担当職員だけが頑張れば良いというのではなく、それらを支える地域関係者の支援や協力が不可欠という点である。これは森林組合や民間林業事業体、都道府県の取り組みについても同様であり、本書で扱っているフォレスターだけが頑張っても進んでいかないということである。

柿澤は、地域森林管理において行政・市民・NPO・企業などの多様な主体が、協働で公共政策を形成していく「ローカルガバナンス」の必要性を提起し、基礎自治体の市町村がその構築を支援し、実行に積極的に参加することを求めた（柿澤、2004年：11 ～ 12p）。これは、市町村が中心となって、山主・地域住民・森林組合・民間林業事業体・都道府県・NPO・研究者・コンサルタント・一般企業などの幅広い主体が地域森林管理に関わり、それぞれの役割を果たす仕組みを作っていくことにほかならない。

しかし、その体制は地域によって多様にならざるを得ない。第5章の先進自治体では、キーパーソンの種類、林務体制の規模、委員会の設置状況、施策分野に求められる条件に応じて、実務職員型、民間活用型、委員会型と、それぞれ特徴を持った施策体制を構築していた。このように、自治体の特性や分野に合わせた体制を地域ごとに作っていくことが重要なのであり、これを無視して全国一律の標準的な体制を作ったとしてもそれは機能しない。人材配置の現状や地域に必要な施策分野を見極め、先進自治体の3つの施策体制タイプを参考にして、地域の関係者で議論をしていくことが必要になるだろう。

2019年度に国の森林環境税が創設され、市町村が比較的「自由」に使える森林・林業の財源が確保されたと言われている。これは、東日本大震災からの復興施策の財源確保を目的に、個人に対して年額1,000円が課されている復興特別税制度を引き継ぐ形で創設され、「森林整備及びその促進に関する費用」に充てるとして使途は幅広く設定された。これに先行する形で、都

道府県単位での独自課税による森林環境税が2000年代から導入され（現在、37府県が導入）、これらのエリアでは現在、森林環境税が二重になって存在している。戦後の市町村の森林・林業予算は不足していると指摘されてきたが（たとえば梶本、1983年）、2000年代に入ってその状況は大きく変わり、地域森林管理に関する予算は総じて潤沢な時代に入ってきたと言える。

　しかし、本書で見てきたように、地域森林管理の基盤になるのは地域の人材であり、地域における協力体制の構築である。これがないままに財源だけが確保されても、それが有効に活用される保証はどこにもない。これらの財源を有効活用するためには、「森林環境税をどのように使うか」というテーマ設定ではなく、「地域の森をどうしたいのか」「そのために、どのような推進体制が必要なのか」というテーマ設定で議論し、それを固めた上で、その体系の中に森林環境税の使途を位置づけていくプロセスが必要になる。

　以上のように、地域森林管理の進展に向けて、これまで地域の人材と体制について検討してきた。そこでは、フォレスターを確保し育成すること、多用な視点から地域森林の目的を設定して幅広い関係者の協力を得ていくこと、専門家を巻き込んで施策の質を高めること、自治体特性や分野に合わせた体制を地域ごとに作ることなどが鍵を握っていた。端的に言えば、現在の地域森林管理に問われていることは、地域の「総合力」なのであろう。各地域がそれぞれ総合力を付けていかないと、地域森林管理は一向に進展しない。多くの地域では人材が不足し課題は山積しているが、これらのことにじっくりと丁寧に取り組み、地域の総合力を上げて、森林管理を前進させていくことが重要である。

エピローグ

　私が学生時代に通った北海道大学農学部は、札幌駅北口からほど近い場所にあった。農学部本館の正面玄関を入った前面には、両返しで踊り場付きの大理石の階段があり、その２階の一角には、宮部金吾博士の乳白色の胸像が置かれていた。

　宮部博士は、黎明期の日本植物学に大きな足跡を残した巨星だ。『武士道』を著して国際的に活躍し、1984 年〜 2007 年まで 5,000 円札の顔だった新渡戸稲造や、明治・大正期を代表する宗教指導者の内村鑑三と同期（北大の前身の札幌農学校２期生）だった。３人は大学時代に机を並べて切磋琢磨し（内村とは寮で４年間同室だった）、その後各界で活躍して「北海の三星」と呼ばれるようになった。新渡戸らが各地を飛び回って独自の地位を築いたのとは対照的に、宮部博士は札幌市をほとんど離れず、札幌農学校に残って植物学の大学教授として北方地域の植物研究にその生涯を捧げた。北海道、千島、樺太の植物調査を実施し、クロビイタヤなど数多くの新種を発見したほか、その膨大な植生データから北方地域の植物誌（植物の総目録）を明らかにした。

　弟子の舘脇操博士は、それらの研究成果をまとめた上で、千島列島のエトロフ島とウルップ島の間に植生分布の境界線が引けることを指摘し、その境界線のことを宮部博士の名前から「宮部線」と名付けたことは有名な話である。北海道に豊富に存在するトドマツ、エゾマツ、ミズナラなどの樹木がウルップ島以北には存在せず、シベリア系植生と北海道系植生の境界が宮部線にあるという植生地理学の構想は、林学を学ぶ若い学生たちを惹きつけるに十分な壮大さを持っていた。

　宮部博士の姿勢を示すエピソードとして次のようなものがある。

　ある日、宮部博士の植物採集に同行した弟子は、道端の雑草を丹念に採っている博士の姿を見て、博士に問うた。

　弟子「先生、つまらない雑草のような草を集めて何になさるんですか？」

宮部「（笑いながら）植物学者には雑草はないよ」

　その瞬間、弟子は気づいた。神様の前では、雑草なんてない。ありふれた草にも、貴重種にも差別はない。人間も同じだ。美しい人も、醜い人も、賢い人も、愚かな人も、神の前では立派な人間だ。生まれてくる生命を、分け隔てなく愛することが大事だ。先生はそうおっしゃっているのだ……。

　農学部の宮部博士の胸像の近辺は、普段は学生の出入りは少なく、ひっそりとしていた。階段の西向きの窓から差し込む日差しは弱く、薄暗い場所にこの胸像は置かれている。この存在を知ってから、私は時々、胸像を訪ねるようになっていた。そのほとんどはただ眺めるだけのためだったが、胸像に向かって話しかけることもあった。胸像の顔をじっくり見ると、全体的に乳白色でのっぺりとしているが、少し微笑んでいるような表情に見えた。

　私は、次のように問いかけた。博士が愛した北海道の樹木や草の一つ一つを大切にする森林管理の形はあるのだろうか、と。林業は、樹木を伐採して販売する経済行為である。それは往々にして、樹木をお金儲けの道具とみなし、そのように扱い、自然を壊してしまうことだってある。しかし、経済行為も人間の生活に欠かせない要素の一つだ。自然を守りながら林業を行っていくことは可能なのだろうか。自然保全と林業を両立させることはできるのだろうか、と。

　舘脇博士は、宮部らの研究を受け継いで北方地域の植物研究を発展させたが、晩年の1974年に造園学者の俵浩三氏に宛てた手紙の中で、北海道の自然の状況について次のように記した（俵、2008年：128p）。

「美しい自然がこわされゆく。私に何ができるのだろう。……植生的研究はメチャクチャであり、その間に原生林が姿を消してしまった」
「殊に森林に関する限り無知ですね」

　宮部博士や舘脇博士が愛した大自然は、もはや、北海道にも、日本にもない。しかし、今ある自然をこれ以上壊さないようにして、また壊された自然を再生していくような森林管理の姿はあるはずだ。そして、それを目指すときに、それを担うフォレスターはどのような仕事をすれば良いのだろうか。

そんなフォレスターになれるだろうか。

　本書は、そのような想いを抱いて日本のフォレスターとなった筆者が、2つの地域の森林管理の最前線で悩み、調べ、考え、実践し、反省したことなどを書き綴ったものである。私のフォレスター活動の中心には、宮部博士の胸像の前で問うた、自然を守るフォレスターへの探求があった。

　そして、たどり着いた一つの答えは、フォレスターが中心になって、多様な視点から地域の森林の目的を設定し、そのなかで自然保全と林業を両立させることだった。それを可能とするために、地域でフォレスターを育て、地域の関係者や外部の専門家らの関わる協力体制を構築し、地域の森林管理を進めていく。それは、多様な主体が関わって公共圏を形成していくことであり、そこで求められるのは地域の総合力を付けていくことだった。

　ここまで読み進めてくださった読者はお分かりだと思うが、本書は、現在の地域が直面している諸課題に対して即効薬を示したものではない。そのため、本書の内容が回りくどい論法に見え、読後に「それで、自分の地域はどうすればいいの？」という感想を抱く読者もいるかもしれない。分かりやすい解決策を求めがちな昨今の風潮において、そのようなツッコミを受けることは容易に想像できる。

　しかし、どうだろう。複雑化した現代社会において、日本の社会問題に簡単な解決策など存在するのだろうか。もしあるとすれば、それは「問題」「課題」とも呼べないような簡単な事案なのではないか。

　森林管理は、期待される多様な役割や歴史的な所有構造、育成までにかかる時間の長期性など、一筋縄でいかない要素が絡み合った分野である。そのような対象を相手にする際は、各現場で人材を育て体制を整えながら、じっくりと取り組んでいくしかないのではないか。

　慌てずじっくりと考えること、粘り強く取り組むこと。このことが、森林管理の問題を考えようとする人、森林管理に関わろうとする人が持っておくべき素養になるだろう。

　近年、ICT 技術を用いたスマート林業の導入や森林環境税の使い方などが林業界で話題になっている。このような新技術や新たな財源はそれぞれ重

要なテーマかもしれないが、ここで重要なことは、これらは地域森林管理の「道具」に過ぎないということである。「道具」を使うのは「人」であり、「道具」をうまく使えるか否かは、それを使う「人」や地域の「体制」にかかっている。それなのに、「道具」ばかりに注目が集まって、それを使う「人」や「体制」についての議論があまりにも少ないのではないだろうか。

　新技術や新制度が出るとそれに飛びついて盛り上がり、そのテーマを一通り消費すると、次の新技術や新制度に飛びついて盛り上がる……、日本の林業界はこのような「道具」の消費活動を繰り返しているようにも見える。このような行動様式のままで、地域の森林は本当に良くなるだろうか。

　本書がきっかけになって、「人」や「体制」が見直され、各地域で人材と体制を育みながら息の長い取り組みが展開されるようになったら、筆者としてこれほど嬉しいことはない。

　当初の本書の構想は、ここからさらに、森林ゾーニングや目標林型、間伐法、道づくり、施業規制、針広混交林化、河畔林づくりなどの個別テーマに踏み込むものだった。これらの個別テーマも、地域森林の管理において重要なテーマ群である。しかしながら、その手前で紙幅が尽きてしまった。これについては、また別の機会に書いてみたいと思う。

謝辞

　本書の第5章と他のいくつかの節は、私の博士論文「市町村森林行政の現状と施策過程に関する実証的研究」（北海道大学、2022年）の成果を用いている。博士課程の研究に際して、指導教官の北海道大学大学院農学研究院の柿澤宏昭教授からは丁寧なご指導をいただいた。また、柿澤先生には本書の下書き原稿に目を通していただき、内容や構成について適切なアドバイスをいただいた。心より感謝したい。

　森林研究・整備機構森林総合研究所チーム長の石崎涼子さん、北海道大学大学院農学研究院の中村太士教授と庄子康准教授には博士論文の副査を務めていただいた。北海道大学名誉教授の石井寛先生には、各種の情報提供をいただくなど、私のフォレスター活動や研究活動を暖かく見守っていただいた。

　本書の執筆に際し、北海道の標津町サーモン科学館館長の市村政樹さん、中川町職員の髙橋直樹さんに取材をさせていただいた。第5章で取り上げた自治体（中川町、飛騨市、郡上市、日南町、豊田市）の関係者には、博士課程での取材対応など丁寧に対応いただいた。お世話になった人があまりに多くて、ここにすべての名前を挙げることはできませんが、関係の皆様に対して深く感謝申し上げます。

　ドイツのロッテンブルク林業大学のセバスティアン・ハイン教授には、遠方の地から本書の推薦の言葉を寄せていただいた。ドイツ語を訳してくださった江鳩景子さん（〈株〉江真コンサルティング代表）とともに、その心意気に感謝したい。

　築地書館の土井二郎社長は、私に執筆の機会を与えてくれ、牛歩の前進だった私の執筆を励ましていただいた。同社の北村緑さんをはじめスタッフの皆様には、本書の原稿を隅々まで読んで、詳細なコメントをいただいた。本書が少しでも読みやすくなっているとすれば、それは北村さんたちの力に依るところが大きい。デザイナーの秋山香代子さんは、カバーのイメージを事前にお伝えすると、それを踏まえつつも、私の想像をはるかに超えた、素晴らしい装画を描いてくださった。関係者の皆様に、心より感謝したい。

　私は森や自然のことを、様々な森の現場と、そこで出会った人たちから学

んできた。自分がこれまで関わってきた森、そこで出会った人たちに感謝したい。

　そして最後に。私のフォレスター活動を一貫して支えてくれた妻の朋子に感謝をして、本書の筆を置こうと思う。

2022 年 12 月

鈴木春彦

用語解説（五十音順）

【あ行】

枝打ち（えだうち）：無節の価値の高い材を生産することを目的に、樹冠の下部の枝を特定の高さまで、枝の付け根付近から切除する作業のこと。樹下植栽した下木に十分な光を与え成長を促進させることや、病虫害防除や雪害の防除・軽減など、林分の保護のためにも行われる。

【か行】

皆伐（かいばつ）：林業における伐採の方法の一つで、対象となる森林の区画にある樹木を全て伐採すること。

河畔林（かはんりん）：本書では、河畔林を「河川、湖沼、湿地などの周辺に成立する森林群集」という意味で使っている。なお、渓畔林研究会はこのような森林のことを「水辺林」と呼んでおり、立地環境に応じてそれをさらに渓畔林、河畔林、湖畔林、湿地林の4つに区分している。

間伐（かんばつ）：木材の成長にともない過密になった森林で、密度を調整するため、または徐々に木材を収穫するために、目的樹種を中心に行う間引き作業のこと。伐採木を一定の長さに刻んで林内に置く間伐を「切り捨て間伐」、伐採木の一部を搬出して販売する間伐を「利用間伐」という。林齢が10〜30年生と若い林分では切り捨て間伐が行われ、30年生以上で樹木の幹が太くなってくると利用間伐が行われることが多い。

近自然的な森林管理（きんしぜんてきなしんりんかんり）：自然のプロセスを模倣して、樹種の多様性や複数の階層からなる森林を目指す管理のこと。ドイツやスイスなどのヨーロッパの森林管理で実践されている。

高性能林業機械（こうせいのうりんぎょうきかい）：木材生産で、立木の伐採や枝払い、玉切り（幹を利用する長さに切ること）、集材などの各工程を処理することのできる作業性能の高い機械の総称。

耕地防風林（こうちぼうふうりん）：強風を防いで微気候を局所的に緩和し、農耕地の風食防止や農作物の風害防止、収量増加などを目的に造成維持さ

160

れる林帯のこと。

【さ行】

作業道（さぎょうどう）：林道などから分岐し、立木の伐採、搬出、造林など
の林内作業を行うために開設される簡易な構造の道路。小型トラックの走
行を想定した恒久的な道路を指す。

里山林（さとやまりん）：都市や集落の近くに広がり、人々の様々な働きかけ
を通じて維持、管理されてきた森林で、身近にあって、地域の生活に深く
関わってきた森林。

砂防学、砂防工学（さぼうがく、さぼうこうがく）：山腹斜面や渓流、あるい
は海岸などで発生する土砂災害について、それを防止・軽減するための防
災技術に関する学問体系。防災科学の一つだが、通常、林学あるいは応用
森林科学の一分野に位置づけられている。

下刈（したがり）：造林木の生育を妨げる雑草木などを刈り払う作業のこと
で、保育の主要な作業の一つ。植栽後の一定期間、毎年実施される。

GIS（ジーアイエス）：地理情報システム（Geographic Information System）
の略で、地理的位置を手がかりに、位置に関する情報を持ったデータ（空
間データ）を総合的に管理・加工して、視覚的に表示し、分析や迅速な判
断を可能にする技術のこと。

市町村森林整備計画（しちょうそんしんりんせいびけいかく）：森林法に基づ
いて、民有林のある市町村が5年ごとに作成する、10年を1期とする森
林計画のこと。市町村の森林・林業の特徴を踏まえた森林整備の基本的な
考え方やゾーニング、森林施業の標準的な方法、路網整備の考え方等を定
めたもの。

樹冠（じゅかん）：樹木の上部、枝や葉の集まった部分のこと。ドイツ語の「ク
ローネ」を用いることもある。

照葉樹（しょうようじゅ）：気温が高い暖温帯を特徴づける常緑の広葉樹で、
葉の表面に発達したクチクラ層に日光が反射して光ることから、「照葉」
の名前がついた。カシ類、シイ類、クスノキ、ヤブツバキ、モチノキなど。

将来木施業（しょうらいぼくせぎょう）：間伐の選木において、その林分で、

最終目標まで育てる木（将来木）を選び、目標とする太さや形質を設定した上で、その育成を阻害する隣接木を順次伐っていく施業法のこと。育成木施業ともいう。

常緑樹（じょうりょくじゅ）：1年以上枯死しない葉をもつ樹木。

植栽（しょくさい）：伐採跡地などに新しく森林を造成するために、地ごしらえの終わった林地に苗畑で養成した苗木（山出し苗）を植栽すること。植林、新植、植付けとも言う。

植生遷移（しょくせいせんい）：ある場所に存在する生物群集が、長い期間をかけて少しずつ別の生物群集に変化していくこと。その終点になるのが、陰樹木（少ない光でも生育できる樹木）からなる極相林（climax forest）である。

除伐（じょばつ）：林内に侵入してきた目的樹種以外の樹木を中心に伐採等を行うこと。種間競争を緩和することを主目的としている。

人工林（じんこうりん）：植栽や種まきをして人工的に育成した森林のこと。日本の人工林樹種は、面積の多い順にスギ、ヒノキ、カラマツである。人工林率は、森林のうち人工林の占める割合のこと。

森林環境税、森林環境譲与税（しんりんかんきょうぜい、しんりんかんきょうじょうよぜい）：2019年度に国が創設した制度。森林環境税は、東日本大震災からの復興施策の財源確保を目的として、個人に対して年額1,000円が課されている復興特別税制度を引き継ぐ形で創設された。その収入を国が地方公共団体へ交付する地方譲与税（森林環境譲与税）として、経過期間を経て市町村：都道府県＝9：1の割合で交付され、市町村には私有林人工林面積、人口、林業就業者数に応じて配分される（2022年現在）。その使途は「森林整備及びその促進に関する費用」に充てるとして、幅広く設定されている。

森林組合（しんりんくみあい）：森林所有者を組合員とする協同組織として、森林組合法に基づいて設立された協同組合。組合員の森林の森林整備や素材生産、木材販売等を行っている。

森林経営管理制度（しんりんけいえいかんりせいど）：経営管理が行われていない森林について、市町村が仲介役等になって森林を管理する制度。市町

村が、森林所有者から経営管理の委託を受け、林業経営に適した森林は地域の林業経営者に再委託するとともに、林業経営に適さない森林は市町村が公的に管理をするもので、森林経営管理法によって2019年度から開始された。

森林経営計画（しんりんけいえいけいかく）：森林経営計画（以前は森林施業計画）は、民有林で計画的に施業をするために立てられる、5年を期間とする森林施業と保護に関する計画のこと。現在では、この計画を立てることが国の造林補助金を受ける条件になっている。

森林所有者（しんりんしょゆうしゃ）：森林の土地を所有するもの、又は森林の土地にある木竹を所有し、若しくは育成することができる者。→山主

森林水文学（しんりんすいもんがく）：森林における水循環を研究する水文学の一分野。

森林生態学（しんりんせいたいがく）：森林における様々な生物とそれを取り巻く環境、あるいは森林生態系そのものを研究対象とする生態学の一分野。

森林施業（しんりんせぎょう）：目的をもって行われる、森林に対する人為的な作業のこと。植栽、下刈、除伐、間伐などの一連の作業を指している。

森林施業プランナー（しんりんせぎょうぷらんなー）：事業地を集約して効率的な施業を行うため、隣接する複数の森林所有者に対して、収支見積りを明記した提案書を用いて施業提案を行う林業技術者のこと。現場の林業ワーカーへの作業内容の指示や実行管理も担当する。森林組合や民間林業事業体に所属することが多い。

森林簿（しんりんぼ）：森林の小班ごとの林況や地況などの性質を記録した公式の帳簿であり、森林情報に関する最も基本的な台帳。その所在地、所有者、林況、地況、利用目的、法令上の制限などの違いにより、森林は林班および林班を細分した小班に区分される。国有林と北海道の民有林では、森林簿のことを森林調査簿と呼んでいる。

森林率（しんりんりつ）：その区域の土地の中で森林面積の占める割合。

水源かん養機能（すいげんかんようきのう）：森林土壌がスポンジのように雨水を吸収して一時的に地中に水を蓄え、または樹木が水を使うことによって洪水を緩和する働きのほか、ゆっくりと流出して降雨のない期間の水量

を確保する渇水緩和の働きのこと。広義には、河川の富栄養化の原因になる窒素やリンを除去する水質浄化の働きも含む。

スマート林業（すまーとりんぎょう）：情報通信技術（ICT）や地理空間情報等の先端技術を活用し、森林施業の効率化・省力化や、需要に応じた木材生産を可能とする林業のこと。航空機からのレーザ反射から起伏などの地形、樹木などの情報を得る航空レーザ計測、ドローンによる森の画像データの取得や苗木運搬などの技術、森林の地理情報データを森林の地図上で可視化するGIS、森林情報をクラウド上で管理して林業関係者間で共有する技術などを、林業現場に活用していくことが期待されている。

0次谷（ぜろじだに）：山の源頭部にあって、常水のない、すり鉢状の集水地形のこと。集水地形のため堆積土があり、降雨時には土壌水分量が多くなって、土砂崩壊が起こる可能性の高い危険箇所になる。

造林学（ぞうりんがく）：多様な森林を仕立て、手入れをして育成するとともに、地力の維持・増進をはかり、量的にも質的にも優れた生産物（主に木材）を持続的に生産する理論と実際的な方法を研究する学問。育林学とほぼ同義に用いられている。

【た行】

択伐（たくばつ）：主伐の一種で、林内の樹木の一部を抜き伐りし、林内の稚樹や幼樹などの後継樹への世代交代（更新）を促すこと。

地域森林計画（ちいきしんりんけいかく）：都道府県知事が、全国森林計画に即して、民有林の森林計画区（全158計画区）別に、5年ごとに10年を一期として立てる計画。都道府県の森林関連施策の方向や地域的な特性に応じた森林整備、保全の目標等を定めたもの。

地域林政アドバイザー制度（ちいきりんせいあどばいざーせいど）：2017年度に国が創設した制度。市町村の森林・林業行政の体制支援を目的として、市町村が、森林・林業に関して知識や経験を有する者を雇用する、または技術者が所属する法人等に事務を委託することに対して、特別交付税を措置する制度である。

地球温暖化防止機能（ちきゅうおんだんかぼうしきのう）：森林が二酸化炭素

を吸収・固定することで地球温暖化を緩和する働きのこと。

天然林（てんねんりん）：自然の力によって発芽、成立した森林。発芽後に手入れを行った場合でも天然林という。天然林率は、森林のうち天然林の占める割合のこと。

土砂災害防止機能（どしゃさいがいぼうしきのう）：樹木の根が土砂や岩石等を固定することで、土砂の崩壊を防ぐ森林の働きのこと。

【は行】

伐採届出制度（ばっさいとどけでせいど）：森林所有者などが森林の立木を伐採する場合、事前に伐採及び伐採後の造林の計画の届出を行うことを義務づけている森林法に基づく制度。都道府県が策定する地域森林計画の民有林（保安林を除く）を対象にしている。また、伐採が完了した時は伐採に係る森林の状況の報告、伐採後の造林が完了した時は伐採後の造林に係る森林の状況の報告を行うことも義務づけられている。

保安林制度（ほあんりんせいど）：水源かん養、土砂崩壊などの災害の防備、生活環境の保全などの特定の公共目的のために必要な森林を、農林水産大臣または都道府県知事が森林法に基づき「保安林」として指定する制度のこと。保安林に指定された森林は、保安林機能を維持していくため、主伐規制など森林所有者に一定の制限を課すことがあるが、一方で、免税などの優遇措置も認められている。

保育（ほいく）：育成の対象となる稚樹が定着して更新が終了してから、主伐をするまでの間に、林分の健全性および林木の成長と材質を向上させるために行う手入れのこと。下刈、つる切り、除伐、間伐、枝打ちなどの作業のこと。撫育（ぶいく）とも言う。

【ま行】

民間林業事業体（みんかんりんぎょうじぎょうたい）：森林所有者から受託または請負等により、植林や下刈、樹木の伐採、木材の販売などを行う民間の造林事業者、素材生産事業者等の事業体の総称。森林組合は協同組合のため、本書ではここに含めずに別の団体として扱っている。

民有林（みんゆうりん）：日本の森林は、森林法によって民有林と国有林に分けられている。民有林には、私有林、市町村有林、都道府県有林等がある。

【や行】

山主（やまぬし）：本書では森林所有者のことを山主と呼び、主に個人（林家）を指している。→森林所有者

【ら行】

落葉樹（らくようじゅ）：低温や乾燥の続く期間、ほとんどの葉を落として休眠する樹木。

林政学、森林政策学（りんせいがく、しんりんせいさくがく）：森林や林業をめぐる経済や社会の在り方に関する政策科学。①森林・林業政策のこれまでの展開過程を明らかにすること（歴史的分析）、②林政の現状・実態を明らかにすること（現状・実態分析）、③そのうえで、今後の林政のあり方・方向性を論じること（政策提言）をその使命としている。

林地開発許可制度（りんちかいはつきょかせいど）：森林法に基づく許可制度であり、地域森林計画の対象となっている民有林（保安林等を除く）において、土石または樹根の採掘、開墾その他の土地の形状を変更する開発行為（国または地方公共団体の行為は除く）を行う際は、都道府県知事の許可を必要とするという制度。面積要件があり、1 ha を超える森林開発の場合がその対象になる。

林地台帳（りんちだいちょう）：市町村が統一的な基準に基づき、森林の土地の所有者や林地の境界に関する情報等について整備する台帳のこと。2019 年から制度運用が始まった。

林道（りんどう）：木材などの林産物の搬出や、林業経営に必要な資材を運搬するために森林内に開設された道路。林道の構造等の基本的な事項を定めた「林道規程」の基準を満たしている自動車道を指す。

林齢（りんれい）：森林が成立してから経過した年齢。人工林では苗木を植栽した年度を1年生とし、以降2年生、3年生と数える。

レクリエーション機能（れくりえーしょんきのう）：散策やハイキング、登山

などで、人に精神的、肉体的な疲労回復などをもたらす森林の働き。

路網（ろもう）：森林の管理や整備、林産物の搬出など、森林へのアクセスに利用される道路のネットワークのこと。林業用路網としては、基幹的な道となる林道、林道から分岐する作業道、さらに簡易な構造で一時的な道として開設される搬出路等がある。→林道、作業道

引用および参考文献

相川高信・柿澤宏昭「先進諸国におけるフォレスター育成および資格制度の現状と近年の変化の方向」『林業経済研究』Vol.61（1）、2015年、96〜107頁

赤堀楠雄『林ヲ営ム』農山漁村文化協会、2017年、214頁

石城謙吉『森はよみがえる：都市林創造の試み』講談社現代新書、1994年、241頁

石崎涼子「『平成の大合併』後の市町村における森林・林業行政の現状：担当者に対するアンケート調査の結果報告」『林業経済』Vol.65（6）、2012年、1〜14頁

石崎涼子・鹿又秀聡・笹田敬太郎「市町村における森林行政担当職員の規模と専門性：市町村森林行政の業務実態に関するアンケート調査（2020年実施）結果より」『日本森林学会誌』Vol.104（4）、2022年、214〜222頁

泉英二「今般の『林政改革』と森林組合」『林業経済研究』Vol.49（1）、2003年、23〜34頁

井上真・酒井秀夫・下村彰男・白石則彦・鈴木雅一『人と森の環境学』東京大学出版会、2004年、178頁

内山節『時間についての十二章：哲学における時間の問題』岩波書店、1993年、293頁

内山節『森にかよう道：知床から屋久島まで』新潮選書、1994年、254頁

宇山雄一「市町村林業行政の現状と課題」『林業経済研究』Vol.126、1994年、35〜40頁

マルクス『経済学批判』武田隆夫・遠藤湘吉・大内力・加藤俊彦訳、岩波文庫、1956年、402頁

柿澤宏昭「地域における森林政策の主体をどう考えるか：市町村レベルを中心にして」『林業経済研究』Vol.50（1）、2004年、3〜14頁

柿澤宏昭・川西博史「市町村森林行政の現状と課題：北海道の市町村に対するアンケート調査結果による」『林業経済』Vol.64（9）、2011年、1〜14頁

柿澤宏昭『日本の森林管理政策の展開：その内実と限界』日本林業調査会、2018年、238頁

柿澤宏昭編著『森林を活かす自治体戦略：市町村森林行政の挑戦』日本林業調査会、2021年、321頁

梶本孝博「市町村における林業行政の現状と問題点：北海道を事例として」『林業経済』Vol.36（10）、1983年、1〜6頁

樫山徳治「内陸防風林」『林業技術』Vol.309、1967年、23〜26頁

北原曜「森林根系の崩壊防止機能」『水利科学』Vol.311、2010年、11〜37頁

渓畔林研究会編『水辺林管理の手引き：基礎と指針と提言』日本林業調査会、2001年、213頁

佐藤宣子「林家」日本林業技術協会編『森林・林業百科事典』丸善、2001 年、1057 頁

佐藤宣子・興梠克久・家中茂『林業新時代：「自伐」がひらく農林家の未来』農山漁村文化協会、2014 年、292 頁

砂防学会編『水辺域管理：その理論・技術と実践』古今書院、2000 年、329 頁

鈴木健太・石井寛「市町村森林整備計画の内容と今後の課題」『日林北支論』Vol.48、2000 年、201 〜 203 頁

鈴木春彦・長田雅裕「標津町におけるヒグマ対策：標津アニマル・プロジェクトと今後の展開」『ヒグマフォーラム 2010 要旨集』、2010 年、4 〜 5 頁

鈴木春彦「市町村における森林マスタープラン策定の実践と課題：標津町森林マスタープランを事例に」『北方森林研究』Vol.60、2012 年、13 〜 16 頁

鈴木春彦「市町村フォレスターの挑戦」熊崎実・速水亨・石崎涼子編著『森林未来会議：森を活かす仕組みをつくる』築地書館、2019 年、178 〜 208 頁

鈴木春彦・柿澤宏昭・枚田邦宏・田村典江「市町村における森林行政の現状と今後の動向：全国市町村に対するアンケート調査から」『林業経済研究』Vol.66（1）、2020 年、51 〜 60 頁

鈴木春彦・柿澤宏昭「市町村森林行政における施策形成・実施の体制と地域人材の役割：5 自治体の独自施策を事例として」『林業経済研究』Vol.67（3）、2021 年、24 〜 38 頁

鈴木春彦『市町村森林行政の現状と施策過程に関する実証的研究』北海道大学博士論文、2022 年、114 頁

多田泰之「林業と国土保全の両立を目指して（2）：林業技術者のための林地の災害リスクの基礎知識」『山林』Vol.1641、2021 年、34 〜 43 頁

俵浩三『北海道・緑の環境史』北海道大学出版会、2008 年、405 頁

外山滋比古『思考の整理学』ちくま文庫、1986 年、223 頁

中村幹広「政策と現場を繋ぐ自治体フォレスターの可能性」熊崎実・速水亨・石崎涼子編著『森林未来会議：森を活かす仕組みをつくる』築地書館、2019 年、151 〜 177 頁

東日本林業経済研究会「2018 年度東日本林業経済研究会シンポジウム：市町村森林行政の現状とこれから」『林業経済』Vol.72（5）、2019 年、17 〜 29 頁

廣松渉『今こそマルクスを読み返す』講談社現代新書、1990 年、270 頁

福岡伸一『生物と無生物のあいだ』講談社現代新書、2007 年、288 頁

福岡伸一『新版　動的平衡：生命はなぜそこに宿るのか』小学館新書、2017 年、318 頁

ヘルマン・エビングハウス『記憶について：実験心理学への貢献』宇津木保訳、誠信書房、1978 年、144 頁

ヘレナ・ノーバーグ＝ホッジ『懐かしい未来：ラダックから学ぶ』懐かしい未来の本、2011 年、324 頁

星野道夫『イニュニック［生命］：アラスカの原野を旅する』新潮文庫、1998 年、206 頁

著者紹介

鈴木春彦（すずき　はるひこ）
愛知県豊田市出身。
北海道の雄大な自然に憧れて北海道大学に入学し、探検部に入部したことをきっかけに北海道や日本の各地、海外の山川海などを旅するようになる。その流れで森林科学科を専攻し、2000年に農学研究院修士課程（森林政策学）を修了。
その後、北海道標津町、愛知県豊田市にて自治体の森林専門職員（フォレスター）として活動した。2006〜2012年は森林組合職員を兼務。現在、「森と社会研究会」代表。
2022年3月に北海道大学農学院より、森林政策学の分野で博士（農学）を取得。技術士（森林部門）。
分担執筆に『森林未来会議：森を活かす仕組みをつくる』（築地書館、2019年）、主要論文に「市町村森林行政における施策形成・実施の体制と地域人材の役割」（林業経済研究、2021年）など。

地域森林とフォレスター
市町村から日本の森をつくる

2023 年 4 月 18 日　初版発行

著者　　　　鈴木春彦
発行者　　　土井二郎
発行所　　　築地書館株式会社
　　　　　　〒104-0045 東京都中央区築地 7-4-4-201
　　　　　　TEL.03-3542-3731　　FAX.03-3541-5799
　　　　　　http://www.tsukiji-shokan.co.jp/
　　　　　　振替 00110-5-19057
印刷・製本　シナノ印刷株式会社
装丁・装画　秋山香代子

ⓒ Haruhiko Suzuki 2023 Printed in Japan　ISBN978-4-8067-1646-4

森林未来会議
森を活かす仕組みをつくる

熊崎実・速水亨・石崎涼子 ［編著］
2,400 円＋税

これからの林業をどう未来に繋げていくか。
林業に携わる若者たちに林業の魅力を伝え、やりがいを
感じてもらうにはどうしたらいいのか。欧米海外の実情
にも詳しい森林・林業研究者と林業家、自治体で活躍す
るフォレスターがそれぞれの現場で得た知見をもとに、
林業の未来について 3 年間にわたり熱い議論を交わした
成果から生まれた 1 冊。

保持林業
木を伐りながら生き物を守る

柿澤宏昭＋山浦悠一＋栗山浩一 ［編］
2,700 円＋税

本書は、欧米で実践され普及している、生物多様性の維
持に配慮し、林業が経済的に成り立つ「保持林業」を第
一線の研究者 16 名により日本で初めて紹介。
保持林業では、伐採跡地の生物多様性の回復・保全のた
めに、何を伐採するかではなく、何を残すかに注目する。
北海道道有林で行なっている大規模実験、世界での先進
事例、施業と森林生態の考え方、必要な技術などを科学
的知見にもとづき解説。

築地書館の本

自然保護と利用のアンケート調査
公園管理・野生動物・観光のための社会調査ハンドブック

愛甲哲也＋庄子康＋栗山浩一［編］
3,400 円＋税

自然保護や観光・レクリエーションの現場で、社会調査に関心をもち、実際に取り組み、結果を活用する研究者・実務者・学生の方々に必要な知識と手法が満載。
アンケート調査の計画から、調査票の作成、調査の実施、データ解析までを、造園学、環境経済学、野生動物管理学、観光学など多様な分野の研究者が解説。

日本人はどのように森をつくってきたのか

コンラッド・タットマン［著］熊崎実［訳］
2,900 円＋税

強い人口圧力と膨大な木材需要にもかかわらず、日本に豊かな森林が残ったのはなぜか。
古代から徳川末期までの森林利用をめぐる、村人、商人、支配層の役割と、略奪林業から育成林業への転換過程を描き出す。
日本人・日本社会と森との 1200 年におよぶ関係を明らかにした名著。

築地書館の本

樹木の恵みと人間の歴史
石器時代の木道からトトロの森まで

ウィリアム・ブライアント・ローガン［著］屋代通子［訳］
3,200 円＋税

古来、人間は、木を伐ることで樹木の恵みを引き出し、利用してきた。
英国の沼沢地の萌芽更新による枝を使った石器時代の木道、スペインの 12 世紀の手入れされたナラの林、16 世紀のタラ漁船のための木材づくり、野焼きによって森を育んだ北アメリカの先住民、日本の里山萌芽林。
米国を代表する育樹家が、世界各地を旅し、1 万年にわたって人の暮らしと文化を支えてきた樹木と人間の伝承を掘り起こし、現代によみがえらせる。

年輪で読む世界史
チンギス・ハーンの戦勝の秘密から失われた海賊の財宝、ローマ帝国の崩壊まで

バレリー・トロエ［著］佐野弘好［訳］
2,700 円＋税

年輪年代学の第一人者である著者が、世界各地で年輪試料を採取し、年輪からさまざまな時代の地球の気候を読み解いていく。

年輪には、気候が人類の文明に及ぼした痕跡が、はっきりと刻まれている。
年輪を通して地球環境と人類の関係に迫る、全く新しい知見に触れる 1 冊。

築地書館の本

林業がつくる日本の森林

藤森隆郎［著］
1,800 円＋税

半世紀にわたって森林生態系と造林の研究に携わってき
た著者が生産林として持続可能で、生物多様性に満ちた
美しい日本の森林の姿を描く。
日本列島各地で、さまざまな条件のもと取り組まれてい
る森づくりの目指すべき道を示した。

木々は歌う
植物・微生物・人の関係性で解く森の生態学

D.G. ハスケル［著］屋代通子［訳］
2,700 円＋税

大都市ニューヨークの 1 本の街路樹から見えてくるコ
ミュニティの姿、400 年前から命をつなぐ日本の盆栽に
見る人と自然―――。
1 本の樹から微生物、鳥、ケモノ、森、人の暮らしへ、歴史・
政治・経済・環境・生態学・進化すべてが相互に関連し
ている。
失われつつある自然界の複雑で創造的な生命のネット
ワークを、時空を超えて、緻密で科学的な観察で描き出す。

築地書館の本

東大式 癒しの森のつくり方
森の恵みと暮らしをつなぐ

東京大学富士癒しの森研究所 ［編］
2,000 円＋税

富士山麓山中湖畔に広がる、東京大学演習林「癒しの森」。
ここを舞台に人と森とをつなぐプロジェクトが始まった。
キーワードは「癒し」。
楽しいから山に入る、地域の森の手入れをする、薪をつくる、「癒し」を得ながら森に関わる、誰でも親しめる森をつくる。みんなでできる森の手入れが暮らしや地域を豊かにする。
これまでの林業を乗り越えるきっかけとなる、森林と人をつなぐ画期的な第一歩。

森と人間と林業
生産林を再定義する

村尾行一 ［著］
2,000 円＋税

豊かな森林資源が成熟期に入りつつある日本列島の森林管理とは、人間と森林生態系の相互作用としての林業を指す。
素材産業からエネルギーまで「木材復権の世紀」と言われる 21 世紀の大きな成長余力を持った産業である日本林業近代化の道筋を、100 年以上におよぶ長いスパンでの需要変化に柔軟に対応できる育林・出材の仕組みを解説しながら、明快に示す。